战胜拖延

用清单

杨波——著

从拖延到自律

TO DO LIST

中国纺织出版社有限公司

内 容 提 要

互联网时代的信息量带给人的冲击是巨大的，令人分心的诱惑也五花八门，在这样的环境之下，如果没有时间管理的意识，又缺乏合适的任务管理方法，生活是很容易失控的。许多临近截止日期的重要事项尚未完成，新任务又不断涌入并抢占注意力资源。在这样的情况下，拖延是不可避免的，负面情绪也令人崩溃。

我们应当认识到一个事实，多数拖延者和效率低下的人都存在一个共同的思维特点，即注意力总是被一些重复的、细碎的、无用的事物分散，这些东西过分占用大脑资源，从而引起认知力、判断力和行动力的下降。体现在结果上，就是耗费了大量的时间，却没有创造出价值。清单，恰恰可以解决这一困境，它可以在堆积如山的事务中筛选出真正重要的、值得去做的事，对筛选出的任务进行优先等级排序，并且针对每一项任务制订合理的计划，让工作和生活变得井然有序的同时，提高效能，减少拖延。

图书在版编目（CIP）数据

从拖延到自律：用清单战胜拖延／杨波著. -- 北京：中国纺织出版社有限公司，2023.1
ISBN 978-7-5229-0116-9

Ⅰ. ①从… Ⅱ. ①杨… Ⅲ. ①成功心理—通俗读物 Ⅳ. ①B848.4-49

中国版本图书馆CIP数据核字（2022）第224431号

责任编辑：郝珊珊　　责任校对：高　涵　　责任印制：储志伟

中国纺织出版社有限公司出版发行
地址：北京朝阳区百子湾东里 A407 号楼　邮政编码：100124
销售电话：010—67004422　传真：010—87155801
http://www.c-textilep.com
中国纺织出版社天猫旗舰店
官方微博 http://weibo.com/2119887771
天津千鹤文化传播有限公司印刷　各地新华书店经销
2023年1月第1版第1次印刷
开本：889×1230　1/32　印张：7.5
字数：182千字　定价：55.00元

序　言

拖延，从来不是"普通人"的专利，就算是拥有画家、哲学家、音乐家、发明家、地理学家、生物学家、建筑工程师等一大串头衔的文艺复兴巨匠达·芬奇，在恶疾缠身、行将过世之际，也会痛心疾首、满怀悔恨地发出质问："告诉我，告诉我，有什么事是做完了的？"

大脑科学与动物实验的结论表明：拖延的天性是根深蒂固的，甚至已经写入了人类的基因密码。在人类进化所处的环境中，人们渴了就要喝水，饿了就要进食，有动力就要劳作。进入纷繁的现代社会，用这种即时反应思维去处理长远的考虑和机会时，拖延就成了必然会产生的附属品。毕竟，人类倾向于冲动而非理智，具有趋乐避苦、渴望及时享乐的天性。

无论是与生俱来，还是后天产生，我们都不能对拖延听之任之。

面对那些似乎永远也做不完的工作、堆积如山的家务，以及搁置很久依然没有付诸行动的计划，将其完全归咎于"没有时间"，是逃避责任的借口，也是没有认清问题本质的表现。其实，绝大多数人的拖延都是因为他们没有做三件事——时间管理、任务管理和情绪管理！

身处互联网时代，庞大繁杂的信息让人应接不暇、不堪重负，需要处理的事务也越来越多。这也意味着，想要在这个时代实现高效能，把时间和精力用在最有价值的事情上，必须学会给大脑减负，建立清单思维，提升思考速度与行动效率。

说起清单，多数人会想到在纸上写下的一连串待办事项。没错，这是清单带给人最直观的第一印象，但这并不是清单的全部，甚至只是很小的一部分！清单的本质，不是一张罗列着待办任务的纸，而是一种思维方式，它可以协助我们降低大脑负荷、分担工作压力，厘清工作和生活中的繁杂秩序，确立待办任务的优先等级，确保自己在重要的事项上保持专注。

简而言之，如果拥有一张正确的清单，它就能帮助我们作出正确的选择，继而让我们去做正确的事情。我们都知道，拖延的代价是荒废时间、完不成任务，并由此引发一连串的负面情绪，试想一下：如果每时每刻都在处理最重要的事项，这些问题还会存在吗？

这是一本战胜拖延的方法书，同时也是一本培养清单思维的入门书。无论你是想解决拖延的困扰，还是想通过利用清单获得全新的生活方式，都可以从中受益！

杨波

2022 年 12 月

目录

3

第 3 章

创建清单
——如何创建一份高效实用的待办清单？

4

第 4 章

灵活应变
——把握主动权，真正让清单为你所用

5

第 5 章

情绪清单
——描绘情绪地图，洞见拖延背后的真相

6

第 6 章

效率革命
——优化工作流程，时刻处理最重要的事

7

第 7 章

丢弃清单
——践行断舍离，享受自在有品的生活

第 **1** 章

清单思维

CHAPTER 1

——拯救拖延，To do list－清单就是执行力

01 当你有太多事情要做时，尝试用清单吧！

如果没有事先列出你正在拖延的事情，

你可能永远也意识不到你正在拖延。

没有人会嫌时间多，尤其是在这个信息量爆棚、诱惑力繁多、生活节奏飞快的时代，我们总有一些事情想要去做，也有一些事情不得不做，还有一些事情没时间去做。

无论怎么过，一天24小时是恒定不变的，能把该做的事情按时做完，对很多人来说已是拼尽全力；再想有时间去放松，做点自己真正喜欢的事情，简直就成了奢望。放眼望去，还有更多的人在"时间不够用"的旋涡里挣扎，满心焦虑，满眼疲惫，被既定的任务压得透不过气……最后，有意无意地就跟拖延搅在了一起。

试想：当下面的这些事情混在一起，浮现在你的脑海里，是什么样的情形？

·客户来催，得赶紧制作报价单。

·新上映的电影期待已久，好想去看啊！

· 两场秋雨过后，气温骤降，要收拾换季的衣物了。

· 每周一期的周报，还一点都没有做呢！

· 客户张先生要的资料，拖了好几天还没寄出，哎！

· 新来的家庭成员——小狗球球，要打防疫针了。

· 电表已经闪灯了，绝不能再拖了，断电太麻烦。

· 忽然想起来，下周还有一次线上会议，发言稿还没写呢！

· ……

制作报价单

收拾换季衣物　　　　　　看电影

天呐！怎么这么多事情？

交周报　　　　　　　　　给客户寄资料

对了，还有一件事……　←→　时间太赶了！

购买电费　　　　　　　　准备发言稿

带狗狗打疫苗

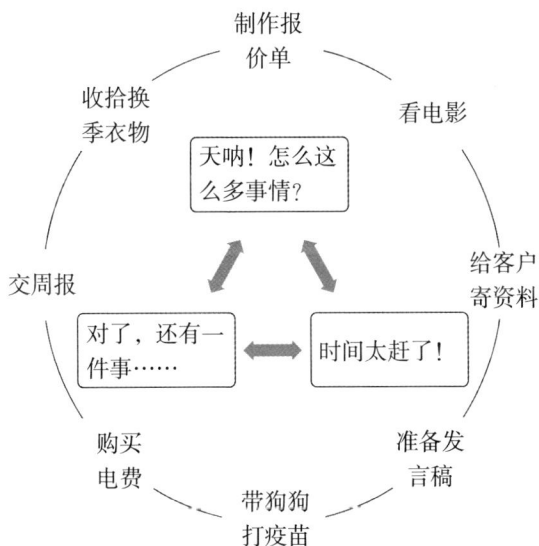

　　这个必须做，那个也得做，大脑快被塞爆了，时间分秒不停地飘过，焦虑和闹心的指数逐渐递增，却不知道该从何下

手。这种混乱无序的状态让人无所适从，更糟糕的是，当我们有太多的事情要做，或是认为有太多的事情要做时，行动力会大大降低，很容易犯拖延症。

如何才能让混乱无序的状态终结，让头脑变得清晰且富有条理？

每一个被事务缠身又备受拖延困扰的人都在找寻这一问题的答案。在过往的岁月里，你可能也尝试过不少办法，有一个方法，无论在此之前你是否了解过，我都想把它介绍给你——清单工作法。

☑️ 清单的效用

有句话说："手里攥着千头万绪，但是针眼一次只能穿过一条线。"

这个比喻恰如其分，生活就像是由万千事物缠绕起来的麻线团，不列出清单，很容易变成"一团糟"；而有了清单，就好比在麻线团中找到了一根线头，能让混乱无序变得井井有条。

那么，一张小小的清单，究竟有多大的效用呢？

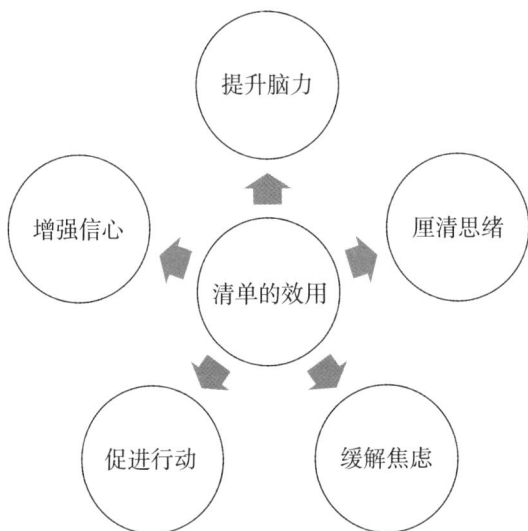

提升脑力

增强信心

厘清思绪

清单的效用

促进行动

缓解焦虑

·清单的效用1：提升脑力

记忆专家辛西娅·格林博士，曾经提出过这样一个说法："记忆的工具，包括清单，会强迫我们凝聚更多精神在我们必须记住的信息上。记忆工具会提供一个组织架构，会赋予信息坐标乃至意义。"这就是说，清单可以帮我们提升脑力，同时让我们更具专注力。

·清单的效用2：厘清思绪

假设你正准备离开自己熟悉的城市，自驾去千里之外的C城。在此之前，你从来没有去过C城，不清楚路线，也不知道有哪些值得一去的景点。这个时候，清单就可以帮你梳理思绪，减少你的不知所措与慌乱，让旅行多一点胸有成竹。

你可以先确定路线：选择走哪一条路线？途经几个城市？全线距离是多少？需要几天才能到达？如果需要中途休息，选择在哪里停歇？定哪一家酒店？抵达目的地后，准备在哪里落脚？总共要去几个景点？彼此之间相距多远？怎样安排更妥当？……当这一切跃然纸上的时候，你会发现，等待你的就是按部就班地执行了。

·清单的效用3：缓解焦虑

面对一连串纷繁杂乱的待办事项，我们总是会不由自主地感到焦虑，担心时间不够用，担心自己应接不暇，更担心会出现坏的结果。此时，如果能把要做的事情，以及内心的担忧写下来，列一个清单，呈现出有利因素和不利因素的排列组合……这个过程，就能有效地阻止头脑被负面情绪裹挟，使我们重新回归于现实，理性地进行决策。

·清单的效用4：促进行动

加利福尼亚多明尼克大学的教授盖尔·马修斯博士研究发现：把事情写下来，最后完成的概率会提高33%！无论事情大小，这一条规则都是适用的，清单可以让人以更好的状态去处理各种问题，让人知道自己在做什么、想做什么，更有动力、更有条理地进行挑战。

· 清单的效用5：增强信心

你有没有尝试过，每完成一个事项，就在清单上将其划掉，或是打个√？这是一件很有趣的事，且会给人带来成就感。在做这件事的时候，我们的自尊和自信水平都会得到提升，且更有意愿和动力去完成后面的事项。这是一种对生活的掌控感，我们完成的事项越多，对自己的信心就越强烈，拖延自然也就无处遁形了。

其实，清单的效用远不止于此，它犹如一把梳子，能帮我们把生活和工作理顺，建立内在的思维秩序，排列事务的优先等级，让我们把有限的时间和精力用在真正重要的事情上。哪怕眼下的生活是一团乱麻，一旦你理解并学会使用清单，也能很快让它变得条理分明，忙而不乱。请相信我，清单真的有这样的力量！

02 清单不只是一张纸，更是一种思维方式

如果你有一份正确的清单，

它可以帮助你做出正确的选择，让你做正确的事情。

生活与工作的共同本质都是解决问题，而问题极少作为"单品"存在，通常都是以"套餐"的模式出现。很多时候，我们会在同一天，甚至同一时刻，接收到多个不同的任务：

- 客户发来消息，催着要看新的设计方案。
- 家长群消息提醒，孩子本周的手工作业是制作节日帽，需要家长协助。
- 明天部门要召开会议，需通知参会人员，做好会议纪要。
- 在职研究生课程的案例分析作业，本周六要上交。
- ……

望着这些待办事项，我们也许心里清楚地知道该做什么，可脑子里却是一团浆糊的状态。更令人闹心的是，这些事情还没有想好怎么处理，可能又冒出来了一些"意外事件"，它们

不在计划之内，却又不可避免，不得不处理。

在这样的处境下，焦头烂额几乎成了常态，健忘遗漏、拖延低效也时有发生。忙忙碌碌没闲着，结果哪件事情也没做好，还闹出了不少的失误，比如：重要的参会人员因时间关系，可能无法出席；预先想用的会议室有其他安排，还需要调整……原来的问题还没有解决，又制造出了新的问题。

华盛顿州立大学的波特教授带领的心理学研究团队进行过一项职场调查，结果显示：现代工薪族每天平均要处理的事务已经高达167件！这些事务既有工作性的，也有生活性的，它们掺杂在一起，短时间内集中进入人的大脑，促使着人们作出各种各样的决策来应对。在处理问题的过程中，既要考虑如何把事情做正确，还要合理地分配时间、避免拖延，实现高效能。不得不说，这是一项严峻的考验，如果不能保证精力充沛、专注高效，不仅会被事务拖累，还会饱受焦虑情绪的困扰。

当然，也不是所有人都会因多线处理事情而把自己弄得狼狈不堪，有一些人精神饱满、思路清晰，处理问题有条不紊，从容自如地应对着庞大的信息，似乎一切都在掌控之中，即便中间有什么意外事件，好像也提前预留出时间来处理。

同样都是职场人，同样都是多线处理问题，为什么差别如此之大呢？那些精力充沛、思路敏捷、善于解决问题的人，究竟有什么高效工作的"秘籍"？

答案不止一个，但他们却有一个共同之处——具备清晰明确的"清单思维"，懂得对问题进行清单式思考，并擅长运用相应的实用清单，卓有成效地解决问题！

☑ 清单思维

清单思维，就是把一段时间要做的事情，或者某一件工作的基本原则和关键节点，条分缕析地写下来，并严格按照清单推进，将成功的可能性提升至最大。

谷歌前副总裁桑德伯格曾这样描述清单给自己带来的益处：

> "别人需要开一小时的会议，我要求自己在十分钟之内结束，而我总能做到。我的方法就是制订一份会议清单，在上面写出本次会议必须讨论的要点和重要的决策，然后和下属逐一讨论。每结束一个要点，我就将它划掉。如此一来，会议便短而有效。"

仅凭借几百字的会议清单，桑德伯格就为自己赢得了决策效率。虽然管理着数百名员工，应付着来自全球各地的烦琐事务，可她仍然实现了每天不到六点就下班的自由。

　　当一堆事务胡乱地充斥在头脑中时，不仅会降低思考速度，也会增加心理压力。当我们把待办事项合理地列在清单上时，第一感觉会是轻松，因为所有悬而未决以及需要解决的事情，都不再占用我们的大脑，而是被存储到了思考的第二阵地，即"收集系统"。这里不生产内容，只负责搜集和归纳内容。然后，它把内容整理出一个逻辑，指导并管理我们的行动。

　　有了清单思维，我们做事会更有条理，同时也能减少焦虑，获得更多的掌控感与安全感，这是非常重要的精神体验。生活中一切有逻辑关系的事物，都可以用清单的方式来呈现，清单甚至可以为我们挖掘和创造逻辑关系。

03 这件事值不值得做？
可行性清单最清楚

> 养成只做有价值之事的习惯，
>
> 就等于得到了比他人多 1 倍以上的时间和精力。

成功学大师拿破仑·希尔，曾经归纳了4条做不值得的事情的坏处：

第1条：不值得做的事情会让你误以为自己完成了某
　　　　些事情。

第2条：不值得做的事情会消耗时间和精力。

第3条：不值得做的事情会浪费自己的有效生命。

第4条：不值得做的事情会绵绵不绝。

没有人愿意落入瞎忙的陷阱，更没有人愿意付出了时间和精力，到头来一无所获，却把真正重要的、有价值的事情拖延了。可现实的问题是，当一件事情摆在眼前，或是我们自身想要去挑战一项任务时，如何判断这件事情该不该做，或值不值得去做呢？

☑ 可行性清单

为了减少非理性决策和盲目行动，我们需要为自己准备
一份可行性清单：

- 目标：我的长期目标和短期目标，分别是什么？
- 条件：实现目标的条件是什么？我是否具备这样的
  条件？
- 分析：以我现有的资源条件，实现目标的可能性有
  多大？
- 方案：列出几种行动方案的清单，分析对比哪一种更
  可行。

有了一份这样的清单，我们会更清楚自己应该做什么，
可以做什么，并有效地确保行动的安全性与可操作性。倘若在
采取行动之前不做可行性分析，那么我们付出的代价将是极大
的，不仅效率低下，还可能会浪费大量的时间和资源。

美国空军人力资源研究室的一位研究员，曾
经被调到洛杉矶某海军航空站担任决策部门的分析
官，专门负责对作战训练任务进行任务清单分析，
简称TIA。美国军队从20世纪70年代开始，就把TIA
入了固定的工作程序，现在它已经是一项非常完善

的制度了。

这位分析官表示："我的任务是对飞行中队未来一段时期的作训计划进行数据分析，保证这些计划是合理的，并在数据对比的基础上得出一个成功指数。这个指数非常重要，中队指挥官和更高一级的参谋人员，都会在这项指数的基础上做出决策。"

这是一项很专业的工作，同时也突显出了清单的价值。可行性不是一个人说了算的，而是由真实的数据决定的。倘若用清单的形式进行分析后，最终得出的客观指数大于8分（完全成功是10分），那就值得一试；倘若小于7分，则极有可能会被放弃。

战胜拖延，不等于盲目行动。无论做什么，都需要利用清单来做可行性分析，判断这件事情的成功指数。挑战，不是有决心和毅力就够了，做踮起脚能够得着的事，才是精进的可靠路径；战胜拖延，不是不管不顾地去做事，把时间充分用在自己该做的、值得做的事情上，多创造一些价值和效益，才是最终的目的。

如果经过分析后发现，自己现阶段的条件或能力不足以完成该任务，那么实在没有必要刻意逞强。清醒地认识自我是一项重要的能力，暂时做不到，不代表自己是"失败者"或

"无能的人"，要学会用成长型思维去看待自己，也可以向其他人学习处理此类问题的方法。

做不来非要硬撑，不仅无益于自身的成长，还可能会制造更多的麻烦，甚至到了最后关头，还要其他人来"救急"，帮忙收拾残局。

04 养成清单思维，确保一次就把事情做对

第一次就把事情做对的人，

只比你多了一张清单。

很多时候，执行太过粗糙比缺乏行动力更能导致严重后果：从心理上轻视了一件事情，认为可以轻而易举地完成，忽略了其中的难点和可能会犯的错误；或者是主观思考，总想着差不多就行了，实在不行再想办法，却没意识到返工会让事情变得更复杂。

> 一位患有胃癌的病人，需要进行肿瘤切除手术。在手术过程中，病人的心跳骤然停止。医生对麻醉师说："你看，病人的心跳是不是停止了？"麻醉师看了一眼监视器，说肯定是电极脱落了，他并不认为这个病人的心跳会真的停止，毕竟他只有40多岁，只是偶然发现胃部有肿瘤，其他方面都很正常。
>
> 此时，手术已经完成了胃部的切除，正处于为

病人重建消化道的阶段。当心脏监视器的波形变成直线5秒钟后，手术团队意识到，监视器的电极没有脱落，麻醉师已经无法摸到病人的脉搏，他的心脏真的停止跳动了。

医生立刻对病人进行胸外心脏按压，麻醉师认为，这种情况可能是由大出血造成的。但是，病人的腹腔完全敞开，并没有大出血的迹象。后来，医生想到缺氧可能会导致心跳停止，可病人的气道也没有问题……会不会是气胸，或者肺栓塞？这些问题最后都被排除了。

心脏监视器依旧是一条直线，医生团队都要绝望了。来帮忙的医护人员中，有一位高级麻醉师，在病人被麻醉的时候，曾经来过手术室。他认为，一定是有人出现了纰漏，于是询问当值的麻醉师，在病人心跳停止前15分钟，是否进行过什么和往常不一样的操作？

当值麻醉师想起，手术第一次例行化验的结果显示，病人血钾含量较低，而后麻醉师为病人注射了一剂氯化钾。那位高级麻醉师立刻要求检查氯化钾溶液的包装袋，果不其然，当值麻醉师使用的氯化钾浓度，是该病人所需浓度的100倍！也就是说，他给病人注射了致命剂量的氯化钾！找到了原因后，医护人员赶紧采取有效措施，来降低病人过高的血钾水平。万幸，他们顺利完成了抢救工作，而病人最终也恢复了正常。

无论是在医疗行业，还是在其他领域，有些工作的复杂性远远超过个人能够掌控的范围，比如软件设计师、财务经理、消防员、律师等，哪怕是最能干的超级专家，哪怕是进行了细致的分工，依然有可能会出错，因为他们很难单凭记忆万无一失地完成自己的工作。

有一项调查显示，美国每年有15万人没能走下手术台，而交通事故的死亡人数只有这一数字的1/3。不仅如此，还有许多研究显示，至少有50%的致死病例和严重并发症是可以避免的。如果专业分工都无法解决问题，如果超级专家都可能会失败，那还有什么办法能扭转这样的状况？很多人可能不会想到，一张小小的清单，会成为最优解。

☑ 清单：第一次就把事情做对的方法论

清单的重要价值在于，对必要的事项逐条管理，对工作进度进行控制和检查，把失误率降到最低。即便是一张普通的清单纸片，也可以提醒我们不要忘记某些必要的步骤，不要遗漏某些重要的东西；让我们清楚地知道，在不同的时刻应该做什么，使我们循序渐进、稳而不乱。

> 约翰·霍普金斯医院的一位重症监护专家，曾经以防止中心静脉置管感染作为试验项目，为医生准备了一张清单，写下了防止插入中心静脉置管引发感染的步骤：
>
> 1.用消毒皂洗手消毒。
>
> 2.用氯己定消毒液对病人的皮肤进行消毒。
>
> 3.给病人的整个身体盖上无菌手术单。
>
> 4.戴上医用帽、医用口罩、无菌手套，并穿上手术服。
>
> 5.待导管插入后，在插入点贴上消毒纱布。
>
> 这些步骤看起来很简单，把它们编写成清单似乎有点小题大做，但这位重症监护专家却还是要求ICU的护士对医生插入中心静脉置管的操作观察一个月的时间，并记录他们实施上述步骤的情况。结果显示，有1/3以上的操作都不规范，医生们都至少跳过了一个步骤！
>
> 随后，这位专家要求护士在发现医生跳过清单上所列步骤的时候叫停操作，提醒他们做正确的事情。在之后的一年里，他们对这个试验进行了跟踪调查，结果令人震惊：插入中心静脉置管10天引发

感染的比例，从11%下降到了0！统计显示，在这家医院，清单的实施共防止了43起感染和8起死亡事故，为医院节省了200万美元的成本。

著名的质量管理大师克劳士比提出了一个"零缺陷"理论，其精髓就是：第一次就把事情做到位！如果一件事有十次做到位的机会，第一次没做好，第二次没做好，第三次没做好……到第九次做好了，结果是对了，但相比第一次直接把事情做到位，却浪费了大量的时间。如果一件事情是有意义的，且我们具备把它做好的能力和条件，为什么不一次就把它做好呢？

人的时间和精力都是有限的，所谓"一鼓作气，再而衰，三而竭"，一件事情如果需要花费大量重复性的劳动去完成，到最后浪费的不仅是时间，还有生命。养成清单思维，就是为了让所做的事情井然有序，规避因麻痹、疏忽所犯的错误，减少不必要的失误和返工。

05 用清单来管理工作，拯救拖延与低效

要思考效率背后的思维方式，

而不是紧盯着那些怎么也做不完的工作。

"接到任务好几天了，根本不知道该从哪儿着手，很焦虑……"

"销售二组的新主管雷厉风行，很担心小组的业绩会被赶超。"

"明明是很简单的事，怎么被我弄得如此复杂？"

"忙活了大半天，连口水都没喝，却没做出几件有价值的事！"

这些乱七八糟的事情，不断地侵袭卢森的大脑。他望着办公桌上堆放的一摞待处理文件，完全不想动，脑子里竟闪现出了辞职的念头。他意识到自己产生了逃避的倾向，但他不知道这样下去自己究竟还能撑多久。他也想把事情做好，却陷入了拖延的泥潭，好像怎么也挣扎不出来了，每天都迷迷糊糊的，经常望着一堆文件发呆。

卢森的问题是出在能力上吗？不，在跟他详细沟通后，我了解到：卢森是从基层职员一路摸爬滚打、过关斩将，才被提升为部门主管的，他的工作能力是有目共睹的。真正的问题在于，他还没有适应管理者的身份角色和工作方式。毕竟，管理一个人和管理一群人不是一个概念，且晋升之后的工作量和烦杂程度，也和过去截然不同。

当卢森意识到，当下困扰他的不是能力问题，而是思维问题时，我让他思考了几个问题：你现在所做的努力，对于提升小组的业绩有没有帮助？离职能不能让你的情绪状态变好？能否改变拖延低效的问题？如果不能改变的话，离职的意义何在？逐一思考并解答了这些问题后，卢森很快厘清了混乱的思绪，并找到了解决之道——改善工作模式。

☑ 用清单思维管理工作，拯救拖延与低效

做事拖延、效率低下的人，在工作上往往存在同一个思维特点，即注意力被一些程序性的东西分散，大量的重复性、事务性工作占据了大脑，引起认知力、判断力和行动力的全面下降。体现在结果上，就是为工作耗费了大量的时间和精力，却没有像样的成果。

晋升为管理者的卢森，最需要做的是调整自己的工作重心，把重点放在管理的关键节点上，还需要拟定管理清单。

同时，他不能把时间和精力都用在无足轻重、可授权的小事上，而是要思考如何带动下属的工作效率。

不仅仅是卢森，任何一个职场人，在这个分工明确的社会，都不可能独掌一切，更无法在复杂的现实中依靠仅有的天分胜券在握。想要从容不迫地应对任何事，都必须在当前的知识、技能以外，拥有更广阔的视野，并学会使用清单。

> 林莎莎刚入行做审计时，由于没有经验和资历，在常规审计任务之外，经常会被分配一些杂活。某日，单位的同事发给她一份word文档，让她印5份年度财务报告寄给客户。
>
> 接到这个任务后，林莎莎的脑子一片空白：这个该怎么印呢？到哪儿去印？该找什么人？打印的字体字号有什么要求？有没有固定的格式模板？对此，林莎莎一无所知。
>
> 面对任务，不知道怎么做，不能成为拖延和不做的理由。林莎莎赶紧咨询派任务给自己的同事，可对方告知，她也记不清了，只记得印年度报告的细节要求有很多，去年做这件事的时候，把她折腾得够呛。最后，同事又补充了一句："有一件事我记得很清楚，需要带小贴纸，到三层的印刷室。"同事说完就去忙活了，剩下的工作全由林莎莎接管。
>
> 由于缺乏流程规范，林莎莎在那半天的时间里一

直楼上楼下地跑，因为每个环节都有不同的要求。最后，虽然事情处理好了，可过程极度虐人，且浪费了不少的时间。

这次的报告印完后，林莎莎主动做了一件事——她在笔记里梳理了一个标准流程，列出了一个印刷年报的清单，里面详细地记录了所需材料、格式要求、呈递的部门与负责人等。

虽然这项工作没有什么难度，但它需要一系列复杂的工序和步骤，而这些东西仅靠大脑记忆是不够的。况且，大脑应该用于更有创造性的工作，而不是负责机械性的工作。这样的工作，最适合交给标准作业程序清单来完成。

有了这个清单之后，如果第二年依旧是林莎莎负责此事，她便可以准确、高效地把它完成，完全不用费脑子。如果是其他新人负责这件事，林莎莎也无须花费时间去向其解释各个细节，拿出这份清单，一切都可以完美解决。

无论你是工作多年的职场达人，还是初入社会的素人小白，一份简明扼要的工作清单，都是必不可少的。我们要努力工作，但更要聪明地工作，学会借助清单，高效地利用时间、完成既定任务，从而摆脱忙而无效的疲累状态。

06 跳过复杂的思考步骤，清单就是执行力

执行力是一切管理的基础，

而清单是对执行力进行有效管理的工具。

在阿尔卑斯山脚下的一座小村庄里，曾经发生过这样一件事：

有一个3岁的小女孩掉进了冰窟窿，半小时后才被救上岸。此时，小女孩已经失去了生命迹象，体温只有19℃。不过，急救人员并没有放弃，他们利用直升机将小女孩送往医院。

经过两个小时的抢救，小女孩的体温上升到了25℃，并且有了心跳。6小时后，她的体温恢复到了正常水平。经过一系列复杂的抢救，小女孩奇迹般地活了下来。

抢救小女孩的这家医院名不见经传，许多人根本就没有听说过。这让许多从业者感到好奇，他们很想知道：这样一家小医院，到底是怎样让小女孩起死回生的呢？

问题的答案并不复杂，这家小医院在日常的工作中，曾多次接到类似情形的患者，其中大部分患者送来时都没有生命体征。为了应对这样的情况，医院把急救的步骤列了一个清单。

在看到这个清单时，许多人都惊讶了——为了挽救这个小女孩的生命，数十位医护人员需要正确地实施数千个治疗步骤，其中还掺杂着许多注意事项，并且要启动一系列复杂的设备，每一个步骤都很麻烦，而要把这些步骤按照正确的顺序一个不落地做好，更是难上加难。

然而，正是因为有了这份清单，才让这个拥有数十位医护人员的团队实现了快速、有序地各司其职，只要认真地核对清单，就不会出错和遗忘。哪怕是过去从来没有参加过救援任务的新医生，有了这份清单，也可以快速上手，高质高效地完成急救任务。

我们可以想象得到，在没有列出这张急救清单之前，这家小医院的医护人员一定走过不少的弯路，付出过极大的代价。庆幸的是，他们把那些正确的步骤逐一记录了下来，并制作成了清单，让其成为一本专业的急救手册。再次遇到类似的情况时，医护人员不必再绞尽脑汁思考，也不会再走重复的弯路，或是犯一些逻辑错误，让整个急救过程变得快速而高效，与死神争分夺秒，挽救患者的生命。

我们在生活中大都有过相似的体验：第一次做一件事时，往往要消耗极大的精力，因为需要调动大脑中最强大的思维系统来执行。这种资源是非常宝贵的，且速度也是最慢的。当这件事情被反复执行多次以后，这些思维就会被存储起来，今后再做类似的事情时，只需要在记忆系统里搜寻就可以了。

虽然记忆系统能够存储大量的内容，但这种做法的效率和效能依然是有限的。因为在复杂的环境下，人很容易出现记忆和注意力的问题，从而忽略一些单调的例行事项；在简单的事情上犯了错，产生的影响有时比在复杂问题上犯错还要恶劣。

从这个层面上来说，处理复杂事务时，完全依赖我们的主观意识是不太可靠的。况且，负责思维的大脑资源是很宝贵的，我们也不应该随意地浪费它、滥用它，而是要用它去完成最具挑战性、最有价值的任务。此时，利用清单来解放大脑，提升执行力和准确率，无疑是一个理智又实用的选择。

☑ 清单是一套极简的可执行程序

清单的本质是一套极简的可执行程序，有化繁为简、提升执行力的效用，它可以让重复的事情流程化，让流程的事情工具化，让复杂的事情简单化。

	让重复的事情流程化	针对重复性工作列出流程清单，每次按照既定的流程执行，省略重复思考的过程。
为什么清单能提升执行力？	让流程的事情工具化	对清单进行细分化，针对不同的流程，设置不同的要求，越详细、越准确越好。
	让复杂的事情简单化	实现流程化与工具化之后，复杂的事情变得一目了然，减少了思考时间，操作也变得容易，有助于把精力放在最重要的事情上。

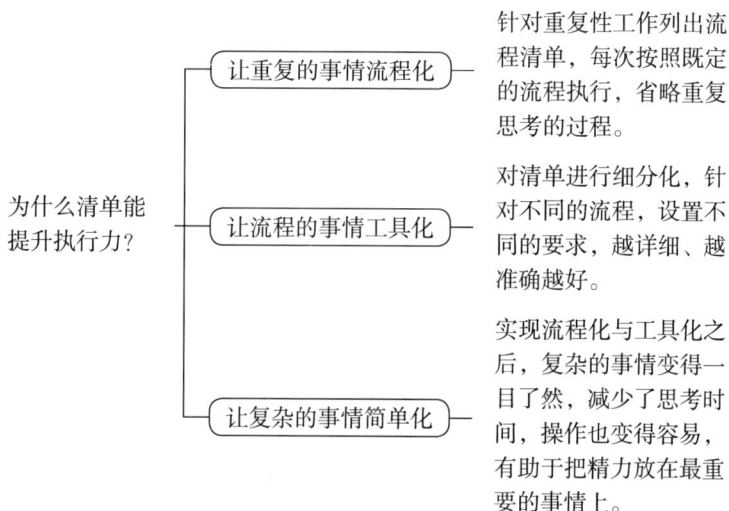

在执行一项复杂的任务之前，你可以事先在脑子里预演一下执行的过程，把可能涉及的步骤列成一个清单，然后再开始执行。在执行的过程中，根据实际情况对清单进行调整。当任务执行完毕后，重新审视一下这份清单，将其保存起来，它就变成了完成这类任务的流程清单。下一次，再进行同类任务时，就可以直接跳过思考的步骤，按照清单去执行。这样的话，既不用耗费大脑的资源，也不会遗漏某一个关键的流程，简单、高效又准确。

07 所有的问题都可以借助 三种清单解决

现实中的所有问题，

利用三种清单就可以找到解决路径。

生活与工作的实质，就是和各种各样的问题打交道。要是按照不同的领域和性质划分，这些问题的繁杂混乱程度实在令人头大，人在焦虑和恐惧的情况下很容易拖延，这也是一种本能的心理防御机制。不过，当我们养成了清单思维，并将其作为思考习惯后，就不会轻易被问题吓住了，我们甚至会惊奇地发现，现实中的所有问题都可以归结于三类，且只需要利用三种不同的清单，就可以找到解决的路径。

☑ 简单问题——采用执行清单来解决

简单问题，就是指一些常识性的问题，在看到它们的时候，脑子里就已经知道要用什么样的方式来解决了。处理的过程会用到一些基本技巧，但不是很难，且有很多方法我们已经深谙于心并熟练掌握。

周六你准备打扫房间、清洁冰箱、寄一份快递、给朋友打电话确认下午的约见时间。此时，你只需要罗列一个清单，完成一项事务划掉一项就行了。类似这样的简单问题，都可以用执行清单来解决，其主要功能就是"提醒"。当然了，最终有没有成效，还是要看执行。

☑ 复杂问题——采用核查清单来解决

复杂问题，是指要运用专业技能才能应对的专业问题，经常出现在专门的领域、团队或部门。如果不具备相应的技能，就需要求助于专业人士。

无论是修理电视机、汽车引擎，还是开飞机，这类问题都是无法凭借本能完成的，需要有成熟的经验，并且能够灵活地运用专业技能。如果自身不懂，就要将其交予专业的人来做，按照一厢情愿的理解去操作，很容易变成"破坏性工作"。如果自身从事的是这类工作，那么核查清单必不可少，确保工作流程中的每一个环节都不被遗忘，避免因疏漏大意而失误。

☑ 异常复杂的不确定性问题——采用沟通清单来解决

这类问题在现实中占比不大，但十分麻烦，仅仅依靠专业技术并不能保证100%地予以解决，因为技能不是成功解决此类问题的充分条件，还需要调动各种资源、进行各方沟通。处理这样的问题，需要两份清单，一份是核查清单，另一份是沟通清单。核查清单的作用，主要是核查一些关键问题、关键步骤；沟通清单的作用，则是不让其中一方来做决策，要把一些重要的事情列成沟通清单，多方坐下来针对这些问题进行沟通。

当我们在工作或生活中遇到问题的时候，先要将其进行分类，接下来要思考用什么清单来解决。这样的话，可以节省大量的时间，不遗漏简单的问题，不跳过必要的步骤，且能够用相对简单而直接的方法规范行为，降低不确定性，提升解决问题的效率。

08 清单没有固定模板，重要的是适合自己

每一个高度自律的人，

都是将清单运用到极致的人。

在这个变化越来越快的时代，许多人对清单存在抵触心理，他们在内心深处认为，只有条理不清晰、无法管控时间、不够自律的人，才需要提前列出一个准则和计划，来规范自己的行为。如果一个人很自律，有很强的时间观念，不需要谁提醒，每天都能按部就班地把事情做好，那么清单对他而言，并没多大的意义。换而言之，真正的高手不需要清单。

那么，现实情况是不是这样呢？当一个人足够自律，他就不需要清单了吗？

和大家分享一件最近发生在我身上的事情：不久前，我在收拾老房子的时候，无意间翻出了一本日记。那是我十几年前写的，重新翻看的时候，我竟然对里面大部分的内容毫无印象，根本不记得当时的自己有过字里行间所述的想法。

☑ 清单的作用不只体现在一个方面

　　人的记忆是有限的，对于自己计划要做的事情，我们很可能在经过一段时间后就忘记了。这跟智力、自律没有任何关系。艾宾浩斯遗忘曲线揭示的记忆规律告诉我们：信息输入大脑后，遗忘就随之开始了，特别是刚刚识记的短时间内，遗忘是最快的。只有对输入的信息及时进行复习，才能够加深记忆。此时，如果有一张小小的清单，能够让我们实现频频回顾，加深记忆，就可以大大降低遗忘的概率。

　　清单的作用不只体现在一个方面，提醒我们关注那些要做的事情，只是其中的一项功能。还有一些事情并不是短时间内就可以完成的，针对这样的事情，我们需要用清单来担任"导航"，发挥指引的效用。

　　当我准备用半年的时间撰写一部20万字的书稿时，我列了一个执行清单：要完成这个大目标，分配到每个月的任务量是3.3万字，平均到每天就是1100字。我可以根据清单每天完成相应字数的撰写，最大限度地保证创作的完成。

　　不可否认，期间我可能会有状态不佳的时候，可起码在进度上我可以做到"心中有数"，知道每天或

> 每周的任务量是多少。有可能，今天状态不佳，那就少写一点；明天文思如泉涌，就可以把前一天未完成的任务弥补回来，总体的进度不会受到太大的影响。

清单还可以帮助我们对所做的事情进行分类，让我们在做事时更有系统性。有些事情是可以同时进行的，比如打扫房间、整理衣橱和听书学习，就可以一起完成；有些事情只能静下心来做，比如撰写方案，有效地把这些事情归类后，能够更好地节省时间。

☑ 清单没有固定模式，要根据自身需求制订

清单没有一个固定的模式，不同的人可以将其以不同的形式呈现。

如果你存在行动力差、习惯拖延的问题，那你有必要把每天要做的重要事项列出来，按部就班地去完成。如果你的时间观念很强，又非常自律，那你可能不太需要这种十分详细的日待办事项清单，你可以根据自己的需求来制订适合自己的清单，比如年度清单、季度清单，或者是一些大项目的统筹计划，依照它们来指引自己更稳妥地去完成既定目标。

总而言之，不是自制力差的人才需要用清单来"规范"自己的行为，自律的精英们也可以用清单协助自己去完成更大的挑战。清单没有固定的模板，它究竟能够发挥出多大的效用，关键还是在于制订和使用它的人。

我们要学会的是，根据自己的实际情况，制订适合自己的清单。如果实在制订不出理想的清单，也可以从自身的生活状态入手，深入分析并找出原因，这个过程也能够帮助我们梳理思绪，对自己的生活和工作有清醒的认知，挖掘出对自己而言最有价值的东西。

第 **2** 章

纠正偏差

CHAPTER 2

——为什么待办清单的任务总是完不成?

01 明明列了待办清单，结果还是拖延了！

我们会列清单，

但不太擅长按照清单去行事。

读到安德鲁·桑泰拉撰写的《拖延进行时》中的一段文字时，我忍不住笑了：

> "明明知道那么多事情堆在眼前，需要整理的换季衣服，一个很早就该报名的考试，一条需要发给朋友的消息，一个早就该完成的报告……我们还是喜欢一边惴惴不安地焦虑，一边看剧听音乐刷小说，有时候只是无所事事地说，再等一下，就一下下……于是，天黑了又白了，心情愈发沮丧却伴随偷来欢愉般的戏谑……我们都有拖延症！
>
> "你是如何应对拖延症的呢？当我打算让自己从坏习惯里走出来，第一件事就是去完成它，哦不，是计划完成它……列出待办事项，然后计划一项一项划去……但是在此之前，我要找到好看的便利贴，好用的水性笔，可爱的贴纸……然后，在没有行动之前，

就耽搁在了制作清单这一步……

"每当我无法让自己去做应做之事时,便会列出'待办清单'。对我来说——我敢打赌,同时对大部分拖延症患者来说,'待办清单'的全部意义在于弥补自己的大言不惭,给自己心理安慰……以为列清单就能让我们混乱的生活变得井井有条是一个不错的想法,但我的清单从未能够督促我完成任务。相反,我热爱清单是因为列清单本身就给人成就感,当我列出一项任务,似乎也就卸掉了一部分完成任务的压力。"

看到上面的这些描述时,不知道你有没有产生共鸣之感?

坦白说,刚开始接触清单的时候,我就像安德鲁·桑泰拉所说的那样——把某一件想做的事情写进了待办清单,而后产生一种"这件事我已经完成了"的错觉。清单解放了我的大脑,让我不再反复思考这件事,可我并没有真正地执行它。结果就是,最初立下的那些"flag",在时隔一周、一个月或一年之后,又成了新一轮的待办事项。

我为此自责过,但后来发现,存在这种状况的不只我一个。

有一项关于职场情况的调查显示:约有63%的职场人员都有使用待办清单的习惯。每个人都希望能在无序的生活中创造秩序,做好自我管理,不少时间管理、工作方法类的书籍经常会提到列出待办事项的益处，因而多数职场人会习惯性地为自己列清单。

这当然是一个积极的选择，清单可以帮助我们视觉化地去梳理那些要处理的事项。但问题是，列出清单只是第一步，而多数人却在这里停下来，然后就没有"然后"了。

有一组来自某团队的任务管理软件的数据，它呈现的问题更加直观：

○ 待办清单中41%的任务不会被完成。

○ 待办清单中50%的任务在1天内完成。

○ 待办清单中18%的任务在1小时内完成。

○ 待办清单中10%的任务在1分钟内完成。

○ 完成的事情中只有15%来自待办清单。

为什么列出了待办清单，却没能拯救拖延呢？因为这种状况的存在，许多人不禁对清单产生了质疑：清单也没有想象中那么好用嘛！该不会就是一个噱头吧？

☑ 是清单无用，还是清单有误？

在评判清单好不好用、有没有用之前，我们首先要确认一个问题：你所列的待办清单，是不是一份合格的待办清单？如果制订的待办清单本身存在问题，又如何指望用一份错误的地图准确指引自己抵达目的地呢? 现在, 不妨对照着你的待办清单, 思考以下3个问题。

·问题1: 你有没有对待办事项进行区分?

有些人只是在待办清单上列出自己想做的、要做的事情, 却没有区分这些待办事项中哪一个是最紧要的, 分别需要多少时间和精力。试想一下: 把只需要几分钟就能完成的事情和需要一个月才能完成的事情混在一起, 会出现什么样的状况?

最可能发生的情况是, 在随机查看清单的时候, 你会优先选择那个最简单的、最容易搞定的事情, 而不是那个最重要的项目, 更不太可能是花时间和精力多的那个项目。然而, 那些被"筛掉"的事项, 恰恰能成为改变生活和工作状态的重要分水岭。

列待办清单, 是为了帮助我们组织任务和项目, 突出最重要的内容。一份可靠的清单, 应当能把我们的注意力吸引到真正要做的事情上, 防止自己过度关注那些不太重要的项目。错误的待办清单, 为我们创造了"偷懒"的机会, 且这个懒偷得心安理得。我们可以安慰自己说: 看, 我也在执行啊! 可实际上, 我们下意识地去处理了那些紧急而不重要的事。

·问题2: 你的清单里有多少件待办事项?

有些人雄心勃勃, 给自己列出了一长串的待办事项, 其实这未必是好事。

太长的清单，意味着给出了太多的选择，每一个选项都会让我们把注意力从最重要的事情上移开。况且，太长的清单也不切实际，我们无法做完所有的琐事，因为它们真的太多了！以普通的行政人员为例，仅一天的待办事项要想全部做完，就大概需要一个星期的时间。望着一长串"今日无法完成的任务清单"时，我们不免会感到沮丧和失落，随着时间的推移，很容易丧失动力，不是拖延就是放弃。

· 问题3：你为制作清单花费了多少时间？

现在可以用来制作清单的手机App五花八门，可以选择不同的模板，还能用不同的颜色和符号对各种待办事项进行标记。我也尝试使用过几款App，但最终还是放弃了，改成最简单的"白纸+黑字"模式。原因就是，在制作清单这一环节上，使用App进行设计浪费了我太多不必要的时间。

人都喜欢美好的事物，看着一张张漂亮的手账或清单，自然是赏心悦目的，但我们不能舍本逐末。原本是想利用清单对抗拖延，提升行动力，结果却为了制作清单直接拖延了重要的事情，得不偿失。

手机App的另一个弊端是干扰太多，太容易分神。很有可能，你刚列了一个事项，屏幕上就蹦出了一条微信消息，而你的注意力立马就被带跑了。等想起来清单还没有列完时,大脑还沉浸在朋友圈的美照中……如此一来,制作清单的时间和难度就被加大了。

提出上述3点问题的原因,就是想要强调一点:不是清单没有用,而是有误的清单无法发挥应有的效用!在理想的情况下,我们应该可以根据清单所列的内容,逐一完成各个待办事项。如果总是出现"想做的事很多,完成的事很少"的情况,就有必要思考一下:自己对清单的认知是不是存在偏差?自己所列的待办事项清单是不是存在问题?

在接下来的几个小节中,我们将一起研究待办事项清单为什么会"无效"。希望能给你带来一些实际帮助。

02 待办事项清单 ≠ 列出每一项任务

> 一张任务清单是否完成了它的使命，
>
> 并不在于完成上面的所有任务。

年底将至，潇潇跟朋友抱怨："我真是太颓了，年初定的计划到现在也没完成多少，不知道自己都干了什么，就这么浑浑噩噩地混了一年。"

朋友听完，感觉有些诧异。在她的印象中，潇潇不像是爱拖延的人，反倒更像一个"效率达人"。她经常在朋友圈分享读书心得，所读书目也都是自我管理和提升类的，如《高效能人士的七个习惯》《日事日清工作法》《逻辑工作法》等；她热衷于给自己定目标，列待办清单。这样一个元气满满的"美少女战士"，怎么变得如此消极了呢？

直到一天，朋友到潇潇家找她，无意间看到，她的电脑显示器周围贴着一圈小纸条，仔细一看基本上全是任务清单，从早上6点到晚上9点，安排得满满当当。不过，上面的事项大都是"未完成"状态，做完划掉打"√"的只占少数。

这下，朋友总算明白，为什么潇潇会有强烈的挫败感了。不是因为她什么都没做，而是她想做的太多了！时间精力有限，想做的事那么多，无论主观上愿不愿意，有些事情在客观上就是无法完成，拖延也就成了必然。

许多朋友在刚开始使用清单时，都会陷入和潇潇一样的误区，比如，前一天晚上，他们拿出一张纸，思考第二天要做些什么。然后把它们列成一个清单，之后安心地睡去，期待着明天可以有饱满的精神，把这些待办事项全都处理好。

到了第二天，他们很努力地想要按照这张清单上的内容和顺序去执行任务，可是没想到，计划赶不上变化，中间发生了很多意外的状况——公司临时召开会议，老板交代给自己一个烦琐的小任务，他们没有办法拒绝这些零碎的小事，因为它们也是日常工作的一部分。

转眼间，就到了下班时间。再次打开清单，他们叹了口气，上面所列的7件事情，只完成了3件，还有4件事情压根没时间处理。这时候，内心的挫败感和沮丧感涌了出来，一个声音在默默地呐喊："为什么我列的清单总是完不成？为什么我做事的效率这么低？"

如果你也有同样的困惑，不妨对照一下你的清单，看看是不是和下面的模式有些相似？

○ 完成设计初稿

○ 联系客户询问进度

○ 撰写工作月报

○ 构建网站

○ 读10页书

○ 饭后运动

这是一份所谓的日待办清单，但是很可惜，这只是清单制订者一厢情愿、未经有效思考而制订的清单，根本算不上有效的清单！或者说，清单的制订者压根就没有理解待办事项清单能帮助自己做什么。带着误解，无效且过度地创建和使用待办事项清单，肯定会阻碍效率的提升。

仔细观察一下这份清单：它有没有体现出哪一项任务是最重要的？这些任务的时间节点分别是什么？很明显，这份清单上没有任何的标注！

在所罗列的任务中，有些任务是比较简单的，比如"联系客户询问进度"，这是一个简单任务，打电话沟通就可以完成；也有一些任务是比较困难的，且属于创造性的工作，如"完成设计初稿"，这样的任务需要认真地做计划——可是，清单里有写计划吗？

清单里还有一项"构建网站"的任务，这个任务描述过于宽泛，因为涉及的范围太广了。通常来说，建立一个网站需要几个连续的步骤，一环扣一环，你要保留域名、查找web主机、创建主机账户、把域名服务器指向主机服务器……这不仅仅是一个待办事项，而是一个由多个小任务组成的大项目！

这样的项目出现在日待办清单上，又没有列出其中的小任务，怎么执行呢？有大概率的可能，这样的项目就被拖延了，它会一直待在清单里，而我们的焦虑感也会与日俱增，因为这项任务没有丝毫的进展，一直是未完成的状态。

☑ 待办事项清单的使命，不是罗列出所有的任务

待办事项清单是一个提高效率的工具，但不是最终的目的，它的使命也不是罗列出所有的任务，而是把我们的注意力吸引到真正有价值的事情上，让我们在合理的时间内完成最重要的几项任务，减少无谓的精力浪费。从这一层面来说，清单是一个缜密思考的过程，其本质是做计划。

在罗列待办任务时，要有简单任务和复杂任务之分，简单的任务不需要过分思考，按时完成即可；复杂的知识创造性任务则需要认真地"做计划"。计划是一个思考过程，是

用于实现某个任务的步骤列表，它应当能够促进任务目标的高效完成，且涵盖一系列的步骤，指明完成某一任务的具体方案和程序。

这也提醒我们：在制订清单的时候，不能只标注一个任务名称，这样太过于宽泛，而是要把这个任务进行拆分，附加详细的说明。因为任务的具体和细化，可以减少对大目标的恐惧感和抵触感，降低行动阻力；而且，当我们清晰地看到项目的达成时间时，内心也会多一份掌控感，增加确定性，从而提升行动意愿。

总而言之，千万不要误解了待办清单的功能，它不是一张简单的任务罗列表，也不该成为确保你完成所有任务（包括那些琐碎不重要的事）的工具，它的使命是确保你完成那些真正要做的事情。你可以根据"我需要完成什么"来筛选自己要做的任务，并相应地计划自己的一天。仅此一项，就能够大幅地提升你对重要事项的专注力！

03 太长的清单会影响大脑的理性决策

太长的清单容易耗尽认知资源，

让人更倾向于选择能够获得即时快乐的活动，

而不是更有价值的活动。

琳娜经常会有这样的体验：早晨起床后，头脑清醒，自律性强，早餐安排得精致又合理，既可以满足味蕾，又能保证上午的工作能量所需，还非常有益于保持身材。

忙碌一天后，到了傍晚时分，琳娜就像是换了一个人，脑子里充斥着一堆想要做的事情：健身、看电视、读书、和朋友聊天……想着想着，时间就过去了，结果什么也没做，就连做一顿像早餐那样精致的晚餐，都变得格外艰难。很多次，她就直接点了油腻的外卖，一边吃，一边承受着罪恶感，想起早晨给自己定的"下班后计划"，更是沮丧。

琳娜很想改变这样的状况，她希望自己的生活可以充实一点，能有效地利用下班后的时间。可是，想做的事情那么多，怎样才能"平衡"呢？

当她向我发问的时候，我给她提了一个简单的建议："每天下班后的时间，尝试只安排两件事：做晚饭（固定）+X（不固定）。这个X（不固定的待办事项），可以是运动、读书、看电影，或是和朋友聊天，每天根据自己的状态安排其中一项即可！"

☑ 你知道"认知资源"是有限的吗？

为什么我要建议琳娜把下班后的待办事项从多件事缩减至两件事？如果你之前有了解过认知心理学，那你一定知道，我的建议并不是随口一说的，它和认知心理学息息相关。

认知心理学的研究表明：人的认知资源是有限的，无论是简单的问题，还是复杂的决定，都会造成一定的认知损耗。处理的任务越多、越复杂，消耗的认知资源就越多。当认知资源不足时，就会出现注意力涣散、意志力低下、效率递减的情况，因而也更容易拖延。

以琳娜为例，早晨起床的时候，伴随她一起苏醒的有一定量的认知资源。所以，她可以快速地决定早晨吃什么，并且呈现出高度自律的状态。然而，工作了一天之后，她的身心都感到很疲惫，对应的认知资源也已经消耗殆尽了。这个时候，大脑中的任务处理器已经想要罢工了。再让琳娜像早晨一样快速地作出理性决策，保持高度的自律，就很困难了。

在饮食和运动方面，大家的体会可能会更深刻：制订好了减肥计划，早餐和午餐都做到了健康饮食，可一到了晚上，就变得"不受控制"了！明明也想去健身房锻炼，最后却窝在沙发上，一边看电视一边吃薯片，选择了最舒服、最轻松的事情，而不是健康的、有益的行为。

有些人将其归咎于"懒惰和不自律"，并为此感到自责。毫无疑问，这样的归因方式，不仅改变不了现实问题，还会进一步加剧负面情绪和无益的行为。实际上，导致这种状况出现的最根本原因是认知资源被消耗殆尽，导致决策疲劳，很难作出正确的决策。

☑ 太长的清单会使人逃避真正该做的事

为什么要谈认知资源，它和清单之间有关系吗？答案是——有，且关系密切！

认知资源决定着意志力，也决定着我们为不同任务分配时间的能力。然而，认知资源是有限的，我们必须要下意识地节省它，减少不必要的耗损。如果在列清单的时候，不假思索地把大脑中存储的所有待办事项都写进去（各种任务之间可能没有任何的联系），就等于给自己留了太多的选择，从而影响大脑进行理性决策。

心理学家巴里·施瓦茨提出过一个"选择困惑"的理论，即如果我们拥有的选择越多，那么在这些选择之间做出决定的能力就越差，我们所面临的焦虑就越多。面对清单中一大串的待办事项，我们的压力会骤增，也更容易分心，不知道该怎么选择。

每一个决策都要消耗一定的认知资源，这就间接地增加了决策疲劳。一旦陷入"决策逃避"的困境，我们就会被迫做一些低性价比的活动，如查看邮件、翻看新闻，实际上这都是在试图逃避一件事：决定真正应该做的事。

在这样的状态下，我们的工作效率会直线下降，而待办事项中那些真正重要的事，却被一直搁置着。如果是必要的工作任务，我们可能会在截止日期到来前，加班加点去赶一下，草草了事，换得一个不太理想的结果。然而，内心却会萌生内疚、羞耻和沮丧感。

有想法、有追求是好事，但在清单上列出太多的待办事项，却不是一件好事。毕竟，养成清单思维，并不是为了昭告什么，而是为了筛选出真正重要的事，把时间和精力留给那些可以调整生活状态、提升工作效率、改善人生品质的——重要的人和有价值的事。

04 模糊不清的任务，容易在清单上滞留

没有目标，

不可能发生任何事情，

也不可能采取任何步骤。

年初，雅丽在年度清单上给自己立下了一个"七字箴言"：变瘦、变美、变有钱！

大概每一个女孩子都有这样的心愿和目标，希望自己越活越有少女感，不被岁月这把"杀猪刀"伤害，靠自己的努力赚更多的钱，给自己满满的安全感。听起来让人充满动力，完全符合现代女性的独立宣言。然而，时间匆匆，似乎还没来得及去努力，转眼一年又成了过往。

岁末将至，雅丽依旧带着130多斤的体重，依旧拿着和去年一样的工资，那个"变瘦、变美、变有钱"的想法，又被顺理成章地安放在下一年的年度清单里。

生活中有许多人都在经历着和雅丽一样的故事，只是

具体的事件不尽相同罢了，究其核心来说，都是有想法和目标，每年、每月都给自己制订清单，最终却没能昂首阔步地抵达终点。提及原因，各有"苦衷"——没有时间、精力不够、条件不允许……这些理由，真的是清单任务没能完成的原因吗？

☑ 清晰的目标＝清晰的人生

据美国劳工部的统计，每100个从事高薪职业——如律师、医生的美国人当中，只有5个人活到65岁时不必依靠社会保险金，无论他们在最具生命力的年龄中获得怎样的收入，但只有如此少数的个人才能获得经济上某种程度的无忧无虑。

为什么会出现这样的情况呢？拿破仑·希尔指出，大多数人都幻想自己的生命是永恒的，他们浪费时间、金钱和心力，从事所谓的"消除紧张情绪"的活动，而不是从事"达成目标"的活动。多数人每周辛苦地工作，赚够了钱，就在周末将其全部花掉。他们盼着在遥远未来的"某一天"退休，在"某个地方"望着美景，过着无忧无虑的生活。如果问他们要如何达到这个目标，他们就会说一定会有"某种"方法的。

看到这里，你应该不难发现：如此多的人之所以无法完成自己的理想，原因就在于，他们从来没有真正定下过明确的目标，一切都是模糊不清的！

我们回过头来看看雅丽的年度清单，她许下的心愿是——变瘦、变美、变有钱。试问：变瘦和变美的标准是什么？变有钱要用什么来衡量？一切都是模糊的、泛泛的，只是一个笼统的概念。这样的心愿，充其量是一个愿景，根本算不上是目标。

想让自己有看得见的改变和进步，就要将那些假、大、空的目标剔除在清单之外，千万不能用"我要变漂亮""我要变有钱""我要去旅行"来蒙蔽自己。

☑ 目标越明确，可能性越大

丹·希思在《瞬变》中讲述过这样一个案例：

西弗吉尼亚大学的两位教授曾经思考：怎样才能说服人们接受更加健康的饮食方式？是提醒人们开始吃什么，停止吃什么？还是提倡在家里就餐，减少外食？具体从哪一餐开始改变饮食习惯呢？办法不计其数，可执行难度却都很大。

经历了几轮的头脑风暴后，两位教授把焦点锁定在牛奶上。他们发现，如果美国人不喝全脂牛奶，改喝脂肪含量低于1%的脱脂牛奶，那么饮食中饱和脂肪的摄入量很快就能降到美国农业部建议的数值。

怎样才能让美国人改喝脱脂牛奶呢？很多人在家里往往是找到什么就喝什么，低脂牛奶和全脂牛奶的消耗速度相差无几。最后，他们决定，不改变人们喝牛奶的饮食习惯，而是改变人们的购买行为！

这样一来，行动计划就变得很明确了。两位教授开始在西弗吉尼亚州的两个社区发起专项活动，利用各类媒体进行为期半个月的广告宣传，并在一场记者会上展示了一大根盛满脂肪的管子，相当于1.9升全脂牛奶所含的脂肪量。

两位教授检测了活动覆盖地区的八家商店，并记录牛奶的销售数据。结果显示，经过一系列活动，低脂牛奶的市场份额大幅提升。为此，他们得出结论：当新的饮食习惯要求越明确，人们接受改变的可能性越大！换句话说，想要改变现状，必须指出明确的方向。

看过这些真实的案例后，相信没有人会质疑目标的重要性了。然而，真正困难的问题是，许多拖延者不知道如何在清单上呈现出一个有效的、可促进行动的任务，或者说，他们不知道什么样的目标才是有效的。

☑ SMART原则:制订清晰有效的目标

一个清晰有效的目标长什么样呢?我们需要借助SMART原则来制订:

·S(specific):明确性

明确性,就是不能太过笼统和抽象,要用具体的语言清楚地说明要达成的行为标准。

× 无效目标:我要养成多读书的习惯!

√ 有效目标:每周读完1本书,本周的目标是《悲伤缓解手册》。

·M(measurable):可衡量性

可衡量性,就是目标必须明确,要有一组明确的数据,作为衡量是否达标的依据。

× 无效目标:为老员工安排进一步的管理培训。

√ 有效目标:在2个月时间内完成对所有老员工关于安全生产主题的培训,且在课程结束后,学员评分在85分以上为实现了期待的效果,评分在85分以下为效果不理想。

第一个目标之所以无效,是因为"进一步"是不明确的:到底安排怎样的培训活动?如何衡量培训结果的好坏?相比而言，第二个目标就很明确了，有具体的培训方向，同时也设定了衡量的标准，一目了然。

· A（attainable）：**可实现性**

可实现性，就是通过现有的时间规划和执行力，确保可以实现的目标。

　　×无效目标：目前英语只有初中水平，要努力学习，一
　　　年内达到托福90分的水平。

　　√有效目标：目前英语只有初中水平，一年内学会基本
　　　的日常口语交流。

从初中的英语水平一年提升至托福90分水平，这个目标是不现实的。设定目标的最终目的是执行和实现，好高骛远只会受挫，削弱动力和自信；要摘那些踮起脚够得着的果子，才能有意义和动力。

· R（relevant）：**相关性**

相关性，就是此目标与其他目标的关联情况。如果这个目标的实现，与其他目标的实现全都不相关或者相关度很低，那么即使这个目标实现了，也没多大意义。

　　×无效目标：我是一个外贸客服专员，我准备提升自
　　　我，学习程序设计。

　　√有效目标：我是一个外贸客服专员，我要多练习英语

口语，提升服务质量。

· T（time-bound）：时限性

时限性，就是目标设置要有时间限制，拟定完成目标所需的时间，并定期检查进度，及时掌握进展的变化情况，以便及时作出调整。

× 无效目标：我要减重15斤！

√ 有效目标：3个月内减重15斤，每月减重5斤，每周1.25斤！

对于减重15斤这个目标，设定完成时限是3个月，可以清楚地知道每个月要完成减重多少斤的任务。然后，计划好相应的饮食计划和运动计划，每周称量一次体重，检验一下是否达标。如果没有时间限制，那么很有可能，减重15斤的任务会一直滞留在清单上。

现在，你不妨审视一下自己的清单，看看上面所列的任务（目标），是否符合"SMART"原则。要谨记，过于宽泛地定义任务，不利于任务的完成；模糊不清的目标，很容易被拖延。如果是较大的任务，一定要记得将它们进行分解，越是单一且具体的任务，越容易执行。

05 没有截止日期，待办清单就成了废纸

不为你的待办事项设定截止日期，

它们必定会一直留在你的清单上。

柯勒律治是19世纪英国浪漫主义文学的奠基人，有很深的文学造诣。

遗憾的是，柯勒律治是一个严重的拖延症患者。他经常会出现这样的状况：跟出版商谈成合作后，为了追求创意和灵感，迟迟不肯动笔；好不容易有了素材，又担心不太理想，于是继续寻找……结果，一部作品经历很长时间却只完成了极少的部分。

你可能难以相信，从这位文豪动笔到作品发布，时间间隔竟然能长达二十年之久。他的著名作品《忽必烈汗》《克里斯特贝尔》最终都是以残篇（未完成）的形式发表的。

作家莫莉·雷菲布勒在《鸦片的束缚》中，对柯勒律治进行了这样的描述："他的存在变成一长串延绵不断的借

口、拖延、谎言、人情债、堕落和失败的经历……"

为什么柯勒律治会陷入长期拖延的沼泽？有一个非常重要的原因，那就是——他从来没有给自己的作品设定过一个明确的"截止日期"！

☑ 设定截止日期是战胜拖延的关键

目标管理的"SMART"原则告诉我们，目标必须是明确的、可衡量的、可实现的、有相关性的、有时限的。任何目标的实现都需要限定期限，也就是我们常说的截止日期。然而，很多人在创建清单的时候却忽略了这一点，没有对每一项任务的截止日期做任何规划。

没有时间期限，就不知道终点线在哪儿，也没有时间越来越少的紧迫感，更不知道如何根据任务和项目所需的时间来确定优先级。在这样的情况下，任务很可能会一直待在清单上，而我们却拖拖拉拉不肯行动，并摆出一系列的理由："反正时间还多呢""时机还不太成熟""我还需要再考虑一些东西"……这一思考，可能就到了许久以后，待办事项清单上的未完成事项越来越多，最终变成愿望清单，甚至沦为一张废纸。

主清单中的每一项任务都应该有一个与之相关的截止日期，这样我们可以更清晰地看出哪些任务明天必须处理，哪些任务可以暂时搁置。

当一份清单上只有待办事项，没有截止日期时，我们的动力微乎其微。没有动力，拖延也就成了必然。有了强制性的时间约束，我们会更容易按照清单上的要求完成既定事宜，而且截止日期也有助于我们根据任务的需要合理地对时间和精力进行分配。

☑ 设定截止日期的方式决定效用

为清单上的每一项任务设定了截止日期，是不是就意味着我们一定能够有效地应对拖延，及时地采取行动呢？情况没那么简单，因为设定截止日期的方式也会影响它的效用，所以我们还要掌握一些必要的技巧和策略。

· 策略1：确保每个截止日期都可实现

给清单上的任务设置截止日期不是随意的，而是要正确评估达成目标所需的时间，将其设定在一个合理的范围内，确保每个截止日期都是可实现的。为任务设定不切实际的截止日期，只会给自己增加压力，使自己在不可避免的拖延中体验挫败感。

· 策略2：思考每个截止日期的设定理由

清单上的任务不是随意罗列的，而每一项任务的截止日期也不是随意制订的，要思考每一个截止日期被这样安排的理由,目的是人为地制造紧迫感,提升行动力。

假设现在是6月,你的下半年待办清单上有一项任务是"带孩子检查视力",在给这项任务设定截止日期时,你可以将其安排在8月15日前完成。这样安排的理由有两个:第一,确保孩子在秋季开学之前完成视力检查;第二,即便孩子视力出现问题,需要验光配镜,也有时间选择和制作眼镜,以确保不影响孩子开学后正常上课。有了这两个理由之后,你就有了采取行动的动力,而这些理由也让"8月15日"这个截止日期变得真实而有意义。

·策略3:在合理范围内将截止日期适当提前

1958年,英国历史学家西里尔·诺斯古德·帕金森通过长期调查发现:一个人可以在10分钟内看完一份报纸,也可以半天才看完;一个忙人20分钟可以寄出一叠明信片,而一个无所事事的老太太为了寄一张明信片可以花掉一整天的时间……特别是在工作方面,如果时间充裕,人们就会主动放慢工作节奏,或是增添其他项目,一直磨蹭到截止日期为止。

帕金森定律提醒我们,人都有预留过多时间来完成工作的倾向。既然如此,我们不妨在合理范围内对截止日期做一个人为的调整:在列出任务后,把截止日期适当地提前一点,缩短时间区间,让自己提高工作效率。

从事文案工作的肯尼总是拖延，影响了整个小组的工作进度。为了这件事，领导没少批评他。其实，肯尼知道自己的问题在哪儿，每次接到案子时，他总觉得时间充裕，不慌不忙，非要等到截止日期临近，被领导问及进度时，才加班加点地"干正事"。赶出来的工作，肯定少不了错误和纰漏，修改润色又得耗费点功夫。最近一次的拖延，直接让领导对肯尼撂下狠话："不能干就走人！"

肯尼意识到，如果再不改掉拖拉的毛病，无论走到哪儿都是一样的结局。痛定思痛后，肯尼决定自己给自己制造紧迫感！当老板交代下任务，要求三天完成时，肯尼主动把完成日期提前一天。想到第二天就必须得做出像模像样的东西，他就不敢再悠闲地看网页、刷微博了，而是会尽快确定一个方向和框架，做出大致的内容。

到了第二天，他会把具体的内容完善，做出一个基本成型的样子。第三天上午，他再进行检查、修改、润色，在中午之前交给领导。多了一份精心，文案上的错别字、病句明显少了；如果领导有建议或意见，他也能在当天下午就修改完成。

仅仅是把截止日期提前一天，肯尼的工作就变得顺畅了很多：一来觉得没那么烦躁了，二来文案

的质量也提升了。这样的工作状态，也让整个小组

的进度加快了，肯尼也重新找回了对工作的热情。

06 你设定的任务与特定目标有关系吗？

你得知道每一项任务需要完成的原因，

并将特定目标附加到清单的每一项任务上。

国庆节前夕，卡卡和一位熟识的兄长，谈论到拓展事业的问题。

这位兄长原本是做二手车生意的，近两年兼职做保险业务。他是一个率直的人，也很有营销思维，在给顾客介绍产品时，会紧紧围绕客户的需求，并结合客户的实际情况，为其推荐适合的保险。卡卡手里的两份商业保险，保险业务员也是这位兄长。

近两年，接连看到身边的人患重疾，卡卡对保险行业有了更深刻的认识。对普通家庭来说，能用支付得起的少部分金钱去转移扛不动的风险，是绝对理性的选择。所以，卡卡也想过让一些对保险有偏见的人，重新认识到它的重要性和必要性。

兄长知道卡卡是自由职业者，就建议他跟自己一起做,既能锻炼自己,又能增加一份收入。卡卡表示同意,也希望进一步拓展自己的能力。他和那位兄长约好,国庆节后见面详谈。

就在两人见面的前两天,一位熟悉的客户联系卡卡,说今后想多给他一些业务,希望他能组建一个设计工作室,找两个帮手,提高效率。此前,卡卡也有过组建工作室的想法,只是自由惯了,就没有着手去做。现在,事态催着他迈出这一步,他也觉得是时候接受挑战了。

在事业拓展的问题上,卡卡面临着两个选择:一是兼职做保险,二是组建设计工作室,该把哪一个搬上清单呢?考虑再三,卡卡决定,放弃做保险经纪人,专心组建自己的工作室。之所以这样选择,原因有两点:

其一,做保险要对客户负责,卡卡无法保证自己能够在那个行业里一直做下去,如果他离开了,很可能会伤害到客户,让他们感到"不安",这是他不想看到的。

其二,无论做不做保险,卡卡都不可能放弃现在的设计工作,在这方面不断拓展是他的长期目标。设计是一项耗费脑力和体力的工作,如果每周还要去保险公司打卡和培训,他担心自己会吃不消。

　　人生就是不断地选择和放弃，当卡卡意识到自己的精力和体力不足以支撑自己从事两份相隔甚远的职业时，他果断选择了瞄准核心目标，继续投身于设计工作。如若不然，他可能两份工作都做不好。毕竟，心有余而力不足的难题，不是靠意志力能够解决的。

　　每个人在生活和工作中都可能遇到"岔路口"，你是否正面对两条乃至多条道路而纠结，不知道该怎么选择？在这一问题上，卡卡的思考路径是值得借鉴的：在面临选择的时候，如果这个选择与我们的核心目标相关，就可以将其纳入清单列表；如果它与核心目标毫无关系，甚至会影响到我们完成核心目标，会占据我们一大部分的精力和体力，就要思量值不值了。

　　很多人在制订清单的时候，都忘记了上述的这个原则。只列出每一项想到的任务，却没有把这些任务跟具体的目标联系起来，结果就变成"为了做事而做事"，花费了大量时间去处理长远来看对自身并不太重要的待办事项。

　　我在明日的待办清单中列出了一条"在今日头条平台更新一篇文章"的事项，这是我认为自己需要完成的任务。但我更新文章的原因是什么？我要在这个平台有针对性地发布什么样的内容？这就是一个需要思考的关键点：我想通过更新文章，达到什么样的目的？

我在头条的认证是心理领域创作者，那么我要更新的文章，就应当是与心理领域相关的主题，这样才能够吸引更多对心理话题感兴趣的人的关注。同时，也可以锻炼我撰写心理领域文章时的思维和表达，促使更多的人关注心理健康，通过我的文章传播而获益。只有形成这样的正向反馈，我才能够越做越好，且我所付出的努力才更有价值。

如果只是为了更新文章而更新，那么随便写什么都可以，但这样，无法在垂直领域形成优势。就算每天都在花费心思更新文章，但你没有侧重点，今天写故事，明天写散文，后天又讲心理，怎么可能期待有更多的粉丝关注你？换位思考一下，你会随随便便在某个平台关注某一个人吗？肯定不会，除非他可以在某一领域为你带来有用的东西。

☑ 认识到每一项任务需要完成的原因

清单的任务不是随便列的，它一定要符合特定的目标。

当我们能够预测完成特定任务的积极结果时，我们就不会轻易拖延；在不考虑其他变量的情况下，对结果越确定，就越可能采取果断的行动。

如果你发现，清单上的某些任务让你疲于应对，或者不确定它能给自己带来哪些益处，那你就要斟酌一下：这个任务有没有保留的必要？别忘了，人的时间有限，精力也有限，我们要把宝贵的资源留给有价值的事，少做无用功！

07 给任务添加背景，设定行动触发扳机

没有为清单任务添加背景，

就很难知道哪些任务需要立刻关注。

这里有几组清单任务的描述，我们来对比一下。

第1组：

○ 读书。

○ 饭后阅读书籍《思考，快与慢》。

○ 饭后利用站立半小时的时间，阅读书籍《思考，快与慢》15页。

第2组：

○ 运动。

○ 早起有氧运动30分钟。

○ 早起，在楼下广场跑步（或跳绳）30分钟。

第3组：

> ○ 给房产经纪人打电话。
>
> ○ 明天上午10点，给房产经纪人打电话。
>
> ○ 明天上午10点，给房产经纪人打电话，利用10分钟时间阐明购房的诉求。

看完这几组清单任务的描述，对比不同的描述，你有什么样的感觉？

是不是仅看"读书""运动""给房产经纪人打电话"这样的简单描述，感觉很空洞，甚至觉得它无足轻重，没有想认真完成它的动力？

是不是在给任务加上了执行时间的状语后，比如"饭后阅读《思考，快与慢》"，会感觉思绪变得清晰了一点，知道该在什么时间去做这件事？

而当我们把上述的三项任务，加上了特定的执行时间，以及具体要做的内容后，这个任务就变得非常"生动"了。因为任务有了背景信息，我们可以知道要用多长时间去完成这项任务，它有多重要，以及它和哪些大目标相关，且能知道是否需要获取某些资源来处理这项任务。

☑ 为什么要给任务添加背景？

列出前文任务描述的对比，目的是想强调一个问题：制订清单的时候，记得为你的任务添加背景！没有提供任务背景的清单，通常是无效的，甚至是弊大于利的，它无法促使我们重视这项任务。由于不知道具体的细节，就很容易让清单变成对未解决和未完成事件的持续记录，而不是对我们需要完成的事件的记录。

如果待办清单上的任务，只写了"读书"两个字，无论是日清单还是周清单，我们通常都不会特别重视"读书"这项任务，因为没有给这个任务安排具体的时间，也不确定它的优先等级，很可能就是：做完了其他的事情，有空就读一下，没有空就算了。然后，继续将这个任务顺延到下一天、下一周。

照此顺延下去，你可以猜想得到，很有可能就是一个月之后、半年之后，你一本书也没有读完，而这件事一直都是"待办事项""未完成事项"。这样的清单任务，显然是无效的——因为相较于过去，你没有在这个任务上实现任何的进步和蜕变。

☑ 任务背景相当于行动触发扳机

没有提供任务背景，就相当于缺少执行的细节，这会使得我们难以决定是否处理待办事项，也不知道是否需要获取某些资源来处理该任务。添加了背景之后，就相当于设定了一个具体的标识，其作用相当于"行动触发扳机"。

假如你总是拖延去健身房锻炼的时间，你可以在清单上这样标注任务：每天早上送孩子上学后，直接去健身房。此时，这个任务就有了特定的触发情境——每天早上、送孩子上学后、学校门口，就能扣下相应的动作扳机——去健身房。

纽约大学心理学家彼得·戈尔维策是行动触发领域的开创者，他解释说："当人们预设好决定时，就把行为控制权交给了环境。"他认为，行动触发扳机可以避免目标受到各类诱惑、坏习惯和其他目标的干扰。

行动触发机制的价值在于事先预设了决定，如果我们压根就没有预设好"要去健身房"这个决定和任务，那么触发机制就是无效的。所以说，触发机制无法强迫我们去做自己根本不想做的事，它只能激励我们做自己知道必须做的事，这也再次强调了制订待办清单的重要性。

行动触发扳机并不完美，但是一个促使行动发生的简单方法。如果你想要不再拖延一件事，可以在清单上为这个任务添加背景，设定一个行动触发扳机——在什么时间、什么地点、做什么事！试试看，相信你会有不一样的体验。

第 **3** 章

创建清单

CHAPTER 3

——如何创建一份高效实用的待办清单?

01 设计清单要遵循的 6 个基本步骤

清单的设计和制作，

直接关乎着后期执行的顺利与否，

以及最终的执行结果。

如果一份清单本身存在问题，或是在执行清单的过程中被负面情绪干扰，就很难解决拖延的问题，也无法收获预期的正向结果。为了避免从一开始就执行"错"的清单，我们需要详尽地了解一下清单该怎样正确设计和制作。这是至关重要的问题，就像是出发之前设置"导航"路线，如果你设置有误，它就无法引导你走正确的路，更难以让你迅速便捷地抵达终点。

☑ 设计清单的步骤

想要制作出一份比较完善的清单，先得知道清单的设计与制作流程。通常来说，我们在设计清单时，需要经过6个步骤。

· Step1：备好纸笔，明确制作清单的目的，制订符合实际的内容

清单的设计和制作，不能只停在脑子里，一定要落实在

纸面上。准备好纸和笔,把你制作清单的目的完整地写下来,以便加深记忆,明确自己想要通过清单实现什么。同时,也要确保你设定的目标、你所列的内容符合实际,可以通过行动实现。后期的任务和内容,都可以围绕这个目的来展开。

至于清单的外观和内容的样式,你可以用思维导图的形式呈现,也可以用1、2、3、4等项目分级的方式呈现,这个没有固定的模式,遵从自己的习惯即可。毕竟,这份清单不是做给别人看的,而是引导自己去执行的。

·Step2:为清单的每一项目标任务设定截止日期

关于截止日期的重要性,我们无须再赘述了。限定时间的目的,是为了在有限的时间内完成更多的事情,这也是提高效率的一种方式。

需要强调的是,对时间的把控,并不是从执行任务的那一刻开始的,而是从制作清单之始,就要给自己限定时间范围。否则的话,很有可能你会为了制作一份完美的清单,一直停留在制作的阶段。所以,从制订清单开始,就要有强烈的时间观念,充分利用每一分钟,在规定的时间内,完成每个阶段的不同任务。

·Step3:清单设计简单,一目了然,突出关键点

制作清单时,要明确清单的目的,让每一个任务的所有步

骤了然于胸，并将其很好地落实在纸张上。这不是一件简单的事，需要我们在头脑中对所要做的事情有一个非常清晰的思路，同时都还要有提炼语言并将其转换成文字的能力。有了一份思路清晰、语言简洁的清单后，在后期查看的时候，你便可以一目了然地知道下一步该做什么，知道关键点在哪儿，不用再花费时间去分析，从而更加顺利、高效地执行任务，尽快地实现目标。

· Step4：清单计划的强度要高于平时，涵盖奖惩措施

想通过清单改善工作和生活状态，提高自己在某些方面的能力，你所制订的清单计划强度，一定要高于平日的工作强度，但又要保证在自己的可承受范围内。强度太低没有效果，还容易滋生惰性；强度太高则很难完成，容易沮丧和气馁。

什么样的工作计划强度算合适呢？简单来说，这个强度就是你付出99%的精力可以完成某项任务，这样既保证了高效率，留下的1%又可以作为缓冲，不至于让自己精疲力尽。

不仅制订的清单计划要严格，在执行方面也要设立严格的奖惩措施。比如，清单上要求今天完成的任务，不能随意拖到明天；要求1小时完成的任务，不能随意延长到2小时。如果没能按时完成，要想一些措施来惩罚自己：晚上慢跑半小时，本周不能外食，等等。总而言之，无论是奖励还是惩罚，都要尽量让它们具备积极意义，对身心有益。

·Step5：充分运用数据，制订科学的、实用的清单

清单一定要在理性思维之下制订，不能想一出写一出，那样的清单无法得到有效执行。为了让清单更科学、更有实操性，我们要学会充分地运用数据。

首先，学会用数据标记一天的生活。

比如：一天24小时，睡觉、工作、休闲娱乐、运动等各需要几个小时？把这些活动所用的时间记录下来后，就可以发现自己在哪些地方浪费了时间，然后重新规划，列一个清单。

其次，尽量以数据标记清单，让清单看起来比较统一，且便于执行。

比如：早上6：30起床，8：00上班，在7：00~7：30的时候，读书30分钟。这样一来，你会对自己要完成的任务非常清晰，且有了时间的紧迫感，也会不由自主地提高效率，没有多余的时间让自己发呆、磨蹭。

·Step6：预测清单的执行结果，检验清单的可行性

制作完清单以后，需要对清单的执行结果进行预测，再次检验清单的可行性。完成了这个步骤之后，才可以开始正式执行。那么，具体该怎样预测呢？

我们可以随机抽取一个小任务，在规定的时间内完成它。如果全力以赴却没能完成，就说明这个清单的难度太大

了，需要稍作修改。如果在规定时间内可以完成，那就要看完成的效果怎样？结果是非常出色，还是勉强完成？这些都能够给我们带来一些反思，让我们进一步地判断：这个清单是否具有可行性，能否提升我们的工作效率？

遵从上述的6个基本步骤，制订出科学、有效的清单，才能够真正地帮助我们改善生活状态，才能让我们所做的努力有所回报。关于其中的一些细节，我们在后续的内容中还会进一步阐述，力求让大家对清单有更深刻的理解，真正掌握清单的制作和使用方法。

02 一目了然，语言简练且突出关键点

管理清单上列出的任务，

比从脑海中任意提取没有章法的任务，

更节省精力，效率也更高。

我们使用清单是为了解放头脑，让平日里复杂的工作变得富有条理，让思考与行动效率都获得改善。这就如同大脑中生成了一个全新的运算系统，把问题系统化、清单化，理性、精确地分配时间和精力，使我们进入思考与处理问题的最佳模式。

想让制订的清单发挥出最佳效用，在制订清单初始就要为自己创造便利，争取在查看清单时可以一目了然地知道下一步该做什么，为行动提供指引，不需要再花费时间去分析。

千万别小觑这一点，因为拖延与行动之前的准备工作密切相关。行动前的准备工作具有消耗性，经常会成为开始一项活动的"拦路虎"。我们必须激活能量迈过它，才能够真正地进入到一项活动中。制作清单，就相当于提前做足了准备工作，为行动减少了阻力。

那么，该怎样制作清单才能让它发挥出节省精力、促进行动的效用呢？或者说，有哪些要点是我们需要注意的呢？

✅ 要点1：把握整体思路

在制作清单的时候，一定要把握整体的思路，不仅要明确制作清单的目的，确定目标任务，还要将每一个任务的所有步骤都思考清楚，并正确地落实在清单上。

为什么要强调这一点呢？这是因为，许多人对于自己要做的事情，在脑海里思考得很清楚，但是无法将其准确地落实在纸上，因而无法形成一个书面的、直观的行动指引。在这样的情况下，就需要加强书写方面的能力，清单一定要落实在纸张上才有价值。

如果你在书写方面没什么困难，可以先在脑海中梳理一下清单的思路，再将其写下来。概括来说，一份完整的清单应当包括——整体的任务规划（如年度、季度、月、日）、截止时间，每个阶段的任务量和细节。有了清晰的思路之后，再去制作清单就会容易很多，也能够在此基础上去满足第二个要点，即对清单进行简化。

☑ 要点2：语言简练且突出重点

列清单不是写作文，不需要长篇大论，要以简练的语言突出关键点，以便自己在查阅的时候一目了然，能够立刻知晓接下来要做的事情。如果洋洋洒洒写了一堆，恰恰说明大脑是处于混乱状态的，尚未思考清楚自己到底要做什么、该怎么做。

制作清单时，最好利用短语来表述。这样的话，大脑就必须根据清单的内容去甄选词语，进一步思考哪些关键点是需要突出的。语言的精练与否，对后期的执行有很大影响，一个看起来复杂冗长的清单，不仅会影响任务的执行速度，还会逐渐消磨人的耐心，使人不自觉地陷入拖延之中。

☑ 要点3：所列任务要针对既定目标

清单要有针对性，每个任务都应当针对既定的目标。如果自己一直在提升各方面的能力，却没有针对性地实现目标，时间久了，就会感到疲累，丧失动力。所以，有针对性地制作清单，才能让清单更具系统性，更快地引导自己实现目标。

总之，我们使用清单的最终目的，就是训练思考效率，规范行为模式。事实上，清单本身并没有价值，只有把它跟我们的思考、行动结合起来，不断地进行刻意练习，我们才能享受到这一辅助工具的积极效用。

03 拆解大项目，
任务越小越容易操作

向着某一天终要达到的那个目标迈步还不够，

还要把每一个步骤都设定成目标，

使它们作为小任务而起作用。

在制订清单计划时，多数人都意识到了一个问题：有些目标任务不是短期内可以完成的，它们既复杂又艰巨！尽管我们十分清楚，完成这样的任务能给自己带来巨大的收益，但心理上却有一种莫名的抗拒感，迫使我们在行动上拖延，将这样的任务滞留在清单上。

为什么会这样呢？答案就是——任务太大了！

人有趋乐避苦的本能，一旦感觉某项任务太复杂、太艰巨、耗费时间太长，就会心生畏惧，抗拒行动；在有时间限定的情况下，焦虑感也会变得更加强烈。

我们一再强调，制作清单时要将每一项任务的具体步骤列出来，原因就在于此。当我们面对一个庞大的任务时，很难知道该从哪儿入手。在缺少方向和动力的情况下，我们很难专注于某个领域去努力，此时分心就占据了主导地位。很有可能，我们会将这些任务放置在明天、下一个月或下一年的待办清单中，这就导致了持续性拖延。

☑ 越小的任务，越容易操作

　　杏子在周六的待办清单中，列出了一项"大扫除"的任务，这已经是她第三次将这项任务顺延了。由于没有及时地打扫收拾，眼见着房间里的杂物变得越来越多，没洗的衣服胡乱地堆砌在床头，厨房的灶台面也已经油迹斑斑，透明橱窗的架子上已经落了厚厚的一层灰尘。这样的情景让杏子厌恶，同时也让她感到焦虑和崩溃。要彻底打扫干净，起码得花费半天的时间，而她根本不相信自己有这个能力。望着一片狼藉的家，杏子根本不知道该从哪儿开始做起！

怎样才能帮助杏子行动起来呢？我们可以对"大扫除"这项待办任务进行调整，将其细分成比较小的任务，每一个任务都有重点，且能够在短时间内完成。

○ 洗碗

○ 收拾厨房灶台面

○ 用拖把清理厨房的地板

○ 打扫卫生间

○ 换洗卧室的床单被罩

○ 整理卧室的物品并摆放整齐

○ 整理客厅的物品并摆放整齐

○ 用吸尘器清理卧室与客厅的地板

○ 打扫并整理阳台

有没有发现上面的每一项任务都是简单、易操作的？这些任务之间是相互独立的，不需要按照特定的顺序来完成，杏子可以灵活安排完成某一项小任务的时间，而不是腾出"半天的时间"来进行"大扫除"！

以洗碗这项任务来说，10分钟就可以完成；清理厨房地面，5分钟也可以处理好，轻轻松松就可以做好，不会给人带来压力。如果今天的时间有限，或是有其他的要事，也可以先把优先等级高的任务完成——洗碗和整理厨房，至于打扫卫生间、整理阳台，就可以安排到晚上进行，也不会有什么影响。

将大项目进行任务分解，使它们看起来简单、易操作，让人在心理上减轻压力。当一项小任务被完成，就等于取得了早期的成功，当我们看见自己取得的进步，体验到事情有所进展时，就会萌生继续做下去的动力。

补充说明一下，在执行小任务的过程中，不要用终极的大目标来"吓唬"自己，也不要过分关注"距离大目标还有多远"，要专注于眼前所做的事，认真执行，感受完成它的喜悦，然后继续投入下一个小任务中。

☑ 掌握分解任务的方法

不是所有的任务都像"打扫房间"一样，可以简单地按照区域将大任务进行拆解，有些问题是很复杂的，想要对其进行合理的拆解，还需要掌握一些科学的方法。

· 剥洋葱法

剥洋葱法，就是把目标视为一个完整的洋葱，一层一层地剥下去，把大目标分解成若干个小目标，再把这些小目标分解成更小的目标，直到具体到此时此刻要做什么。

实现目标的过程，是循序渐进的，从低级到高级，从现在到将来，从小到大。而我们设定目标时，恰好与之相反，要从将来到现在，从大目标到小目标。每天不拖延、按部就班地达成小目标并不难，且这种成功的喜悦会带来动力，让我们看到自己在朝着目标前进。这样下去，我们做事的兴趣会越来越浓，信心会越来越足，克服拖延的概率也会越来越大。

·多权树法

从字面意思上理解，这是一种类似树干、树枝、叶子的分类法。大目标相当于树干，次级目标相当于分散的树枝，更次一级的小目标（现在要做的事）就是树枝上的叶子。一棵完整的多权树，就是一套完整的达成该目标的行动计划。

具体应用的时候，可以分步进行：

步骤1：写下大目标，思考要实现这个目标的条件是什么。

步骤2：列出实现大目标的必要条件和充分条件，即达成大目标前要完成的次级目标。

步骤3：思考要实现这些次级目标的条件是什么。

步骤4：列出达成每一个次级目标的充要条件。

步骤5：如此类推，直到画出所有的树叶。

请注意，从叶子到树枝，再到树干，你需要不断地问自己：如果这些小目标都能实现的话，大目标一定会实现吗？如果答案是肯定的，就证明这个分解已经完成。如果回答是"不一定"，就证明所列出的条件还不够充分，需要继续补充。

04 将清单上的任务数量限定为 6 个

> 限制清单上的主任务数量，
>
> 可以有效地减少拖延、提升效能。

待办清单最常见的问题就是"太长了"，许多人在使用清单时，最初设定的任务只有几个，最后却增加到了几十个。这样的情况也可以理解，毕竟我们每一天都会有新的想法，并从中产生新的任务，但这并不意味着我们要把所有的想法都添加到日常任务清单中。

☑ 微任务不入清单，单独批量处理

在现实的工作与生活中，有很多任务完全没必要列入清单，我们只需要花费几分钟的时间就能将其处理掉，比如：整理床铺、洗衣服、扔垃圾、给客户回电话、查看邮件、电子账单还款、预订晚餐、整理桌面……这些都属于"微任务"，不属于日常待办事项清单。如果把这样的事宜都列入清单，那么清单上的任务就会增长到几十项。

每一项"微任务"都可以在几分钟之内完成，可问题在于，如果零星地去解决它们，太容易分散注意力，很可能会打断原本的工作流程，破坏工作势能，迫使我们进行多任务处理，同时增加任务转换的成本。如此一来，我们的执行力就会受到影响，工作效率也会降低，重要的任务也很容易被拖延。

针对这些"微任务"，最好的解决办法就是批量处理。每次留出半小时左右的时间，将背景相关的任务安排在一起解决，比如：整理床铺、洗衣服、扔垃圾，都属于家务类的，可以一起解决；查看邮件、支付电子账单、给客户回电话，也可以一并处理。集中处理相关的待办事项，能够最大限度地降低转换成本，也不会分散执行重要工作的精力。

☑ 六点优先工作制：将关键任务的数量限制在6个

排除了"微任务"的干扰之后，对于清单上关键任务的数量，我们也要进行限定。效率大师艾维·李认为：如果一个人每天都能全力以赴地完成六件最重要的大事，他一定能成为一位高效能人士。事实证明，艾维·李是正确的。

美国伯利恒钢铁公司总裁理查斯·舒瓦普在公司濒临破产之际，向效率大师艾维·李寻求帮助。

艾维·李花费了半小时的时间，听理查斯向他诉说公司的遭遇和处境，而后他说："我能提供一种有效的方法，保证你的公司在10分钟之内就提升50%的业绩。"可想而知，理查斯根本不相信，他认为对方并没有理解公司目前的处境有多么糟糕。

艾维·李看出了理查斯的顾虑，他拿出一张白纸，让理查斯写出明天要做的事。他希望，理查斯可以每天把要做的事写出来，然后用"1、2、3、4、5、6"标出六件最重要的事。

理查斯·舒瓦普花费了5分钟的时间照做了。接着，艾维·李让理查斯对这6件事的重要性进行排序，弄清楚哪件事必须先做，哪件事可以后做。理查斯又花费了5分钟照做了，然后，艾维·李说："这张纸就是我要给你的。"他还嘱咐理查斯，明天工作一开始，就先全力以赴地做好标号为"1"的事情，直至完成，再竭尽全力去完成"2"号事情，以此类推。

理查斯·舒瓦普听从了艾维·李的建议后，将这个方法付诸实践。结果，他的公司只用了5年的时间，就从濒临破产的小钢铁厂，一跃成为当时全美最大的私营钢铁企业，而艾维·李也收到了2.5万美元的咨询费。

·六点优先工作制

管理界将艾维·李提出的"六点优先工作制"喻为"价值2.5万美元的时间管理法"，其核心内容就是：整理出六件最重要的事情，并排列好顺序。只要完成这六件最重要的大事，一天的工作时间基本上就得到了充分的利用。

在这个方法中，最重要的是及时找出六件重要的大事，并做好顺序上的安排，以便直接地了解和控制自己一整天的工作，不至于在完成一项工作后不知道接下来该干什么，从而浪费时间，抑或者被其他的事情干扰。

"六点优先工作制"不仅可以用于日清单任务的安排，还可以用于目标管理：先确定自己的长期目标和中期目标，再将这些目标分解成年度目标、季度目标、月目标、周目标；最后，把周目标分解成每天要做的事，再确定每天最重要的六件事。

依靠这样的划分法，你可以直观地把握目标，且只要坚持做好每天的六件重要事项，周目标即可达成。接着，一层层地往上推，中期目标和长期目标也能达成。

·使用六点优先工作制的注意事项

在使用六点优先工作制时，有几个要点是需要把握的：

1.把最有效的时间，用在最重要、最有价值的事情上。

2.对整个计划中要做的事情，进行优先等级排序。

3.明确标准格式，明确标准流程，每天的任务清单要按照标准格式来写。

4.每天要做的事情，简洁描述即可，节省时间。

5.提高工作效率，确保当日完成六件重要事项，不可拖延。

6.完成一项任务后，可作出一个标记，并简单写下完成的原因。

想象一下，如果每个月、每一天、每一分都在做最重要、最有价值的事情，假以时日，我们可以实现多少个目标？会有怎样的变化？现在，请拿出你的清单，将"微任务"划掉，列出最关键的6项任务吧！将注意力集中在真正需要的地方，有效地分配时间和精力，才能提升效率，不在拖延中虚耗人生。

05 利用恰当的动词引导每一项任务

明确指出具体内容的动词，

可以激励我们更快地采取行动，

减少拖延的发生。

我们之前提到过"为任务添加背景"的重要性，它相当于设置了一个行动触发扳机，可以有效地提醒我们——什么时间、什么地方、做什么事。所以，在制订清单任务的时候，务必要考虑到这一点。与此同时，还有一个小技巧要告诉大家——用动词描述任务。

尝试在待办任务的前面放置一个动词，它能够将清单中的文字变成一项可操作的任务，触发大脑中的某个部分，促使我们采取行动，继而完成这些任务。

当我们不使用动词来描述任务时，通常是这样的——

○ 衣橱

○ 周报

○ 生日晚餐

○ 汽车保养

○ 客户要的资料

当我们添加了背景，并使用动词来描述这些任务时，就变成了这样——

○ 整理衣橱

○ 撰写周报

○ 预订生日晚餐

○ 去4S店保养汽车

○ 邮寄客户要的资料

有没有体会到，在添加了动词之后，任务的可操作性提高了？动词的存在，直接告诉了我们要做什么，也能够帮助我们估算完成每一项任务所需要的时间。比如：看到"去4S店保养汽车"这一项任务，我们会在脑海里考虑到"去4S店"所需的时间、保养汽车所需的时间，让我们为此做好充分的准备。

☑ 选择恰当的动词

是不是所有的动词都能够发挥出引导的效用呢？答案是否定的。

只有恰当的动词，才能起到引导作用。所谓恰当，就是它可以直接定义要做的具体事项，不存在歧义，也不需要猜测。

举例来说，当你在日待办清单中列出"联系张总协商发布会时间"，这里的动词"联系"确实有一定的作用，但不够精确，它可以代表下面的多种情况：

○ 发微信给张总
○ 打电话给张总
○ 发邮件给张总
○ 去张总的公司面议

你准备用哪一种方式和张总联系呢？如果没有确定这一具体的行为，你在看到"联系张总……"的任务时，还要思考具体的联系方式，毫无疑问这会增加时间成本。

不能指明该怎么做的动词，往往会让我们拖延，如"了解""探索""琢磨"等。相比之下，用"撰写""查阅""打电话"这样的动词，则更容易激励我们采取行动，因为它排除了其他的干扰，明确地指出要做什么，让我们可以更快地完成待办事项。

06 以指示性作用为主，避免刻板僵化

不要让清单上的内容限制自己，

我们完全可以用自己的思维去做事。

有些人对清单存在排斥的心理，认为按照清单列表去做事，可能会让自己变得刻板僵化，循规蹈矩。实际上，这是对清单的一种严重误解。

制订清单的是人，执行清单的也是人，让清单成为管理时间的工具、发挥出引导的作用，还是让自己的思想和行为被清单限制，最终的决定权始终在人自己手里。

清单只是一个不带有任何情绪的工具，它呈现出什么样子全在于制订清单的人。换句话说，你想让清单怎样为你服务，你就会得到什么样的结果。

为了避免让清单变成限制和束缚，致使我们落入刻板僵化的模式之中，在制作清单的时候，一定要坚持让清单发挥指示性作用，而不是让清单发挥指导性作用。

☑ 指示性作用 VS 指导性作用

什么是指示性作用呢？简单来说，就是告诉我们一个事物是什么，但不限制我们用它来做什么。比如，眼前放着一罐未开封的桶装水，桶身上面贴着"纯净水"的标签，这个标签的存在意义就是一种指示，它告诉我们这桶水是"纯净水"，至于我们要用这桶水做什么——饮用、做饭、浇花、放入加湿器中，它不做任何限制，每个人都可以有自己的选择。

什么是指导性作用呢？同样是一罐桶装水，把"纯净水"的标签换成"请饮用这桶水"，情况就完全不同了。这个标签的存在，直接限定了我们用这桶水做什么，没有其他的选择。

清单是一个提示工具，在制订的时候要让它发挥指示性作用，告诉我们该执行某项任务，以及执行该任务所需的时间。切忌让它成为指导性原则，强制性地命令我们必须在某一时间段做某件事。这样的话，不仅会造成心理压力，还会让思维受限，毕竟生活中有太多的不确定性，谁也无法保证一定能在某个时间段去做某件事。

解决问题的方法从来不只有一种，清单上所列的待办事项，也可以根据实际情况灵活地调整一下执行顺序，确保让整个计划得以完成。所以，我们在制订清单时，千万不要人为地给自己设置障碍——将任务及完成时间限定于某个时间段，这是不必要的，也太过于僵化。所以，在描述待办任务的时候，尽量使用指示性的动词，不要用命令式的语言。

总而言之，制订清单要秉持指示性原则，让它成为一种指引和提示，千万不要把它变成强制性的指令。如此，我们制订出来的清单才更丰富、灵动，且更具可行性。

07 为将来完善和优化清单做好铺垫

没有永不过时的清单，

制订清单时要为将来的完善和优化做好铺垫。

清单是我们为了实现某个目标而使用的一种工具，发挥提醒和指引的作用。然而，一切都在变化之中，没有永不过时的清单，我们在不同的人生阶段会有不同的需求，再完善的清单也会随着时间的推移与现实生活产生部分脱节。

这就意味着，原来制订的目标会随着时间的推移和个人情况的变化而发生改变，不再适用于新阶段的目标和现状，我们需要对清单进行完善和优化。另外，我们还要认清一个事实：清单的调整和完善是没有终点的，不存在最好的清单，只有更好的清单。

因此，在制订清单的时候，一定要为将来的完善和优化做好铺垫，给清单创造"进化"的条件。具体而言，我们需要考虑到以下4方面的问题。

☑ 制订清单时，考虑时效性，预留出空白

清单是根据当下的情况制订的，极有可能过了几个月甚至半年，情况会发生变化，而清单也需要随之进行修订。为了给将来的修改留出空间，不让清单显得杂乱，我们可以在制订清单之初，就预留出一些空白，不把任务和步骤框定得太死，给清单提供进化的空间。

☑ 立足当下，着眼未来，保障清单的价值

清单的时限各不相同，有些清单只需要一两个月即可完成，有些清单执行起来却要花费两三年的功夫。就后者而言，与实际情况发生脱节是极有可能发生的。为此，我们就需要懂得运筹帷幄，在对清单进行调整时，不仅要立足于当下，还要着眼于未来，了解未来的形势，从而调整脚步，实现更新的目标。这样的做法，可以通过少量的修改，保障清单的价值。

☑ 时常审视，查漏补缺，纠正执行方向

清单本身没有思想，也不会自行改变，但外界的环境无时无刻不在发生变化。这就要求我们要经常审视清单，查看其内容，结合当下的实际情况，思考未来可能出现的风险，及时查漏补缺，确保不因时间的改变，影响执行和最终结果。

☑ 适时补充附加元素，以应对新问题

制订清单是一件费时费力的事，且无法保证把所有因素都考虑进去。随着时间的推移，会有新的问题不断涌现，迫使我们采取全新的应对方案。面对这样的情况，重新制作一份清单不太现实，最优的解决策略是适时地为清单补充一些附加元素，如：任务时间的更改、临时任务的增减、任务完成方式的更新等。这些都是根据实际情况必须补充的附加元素，有助于我们更好、更快地执行清单，确保清单的时效性，避免因为某个细节不合时宜而废掉整个清单。

在补充附加元素的时候，不能随心所欲，要选择合适的时机。在一个任务完成之前，尽量不要添加其他元素，要保持原有任务的完整性。补充的附加元素，要保证是高质量的，能让清单提升一个水准，加速目标进程，实现优化的功能。那些可有可无的元素，不加为好。

在满足合适的时机和高质量的条件下，我们补充的附加元素，还要对应个人的实际需求。换句话说，不管外面的世界怎么变，如果你的个人实际需求没有改变，就没必要非得为清单补充附加元素。一切的补充和完善，都是为了让清单变得更好，而不是让清单成为累赘。

08 检验清单效用的最好方法是实践

实践是检验真理的唯一标准，

也是检验清单是否有效的最好途径。

当我们刚制订好清单时，大脑处于比较兴奋的状态，做事的效率也很高。在这样的状态下，如果不能尽快地采取行动，就很难保证在日复一日烦琐的生活中按时完成任务了。

采取行动不是盲目的，在制作完清单之后，我们先得从中抽取一个任务进行实践，以检验该任务是否可行。一份清单制作得再精致，如果不能通过实践的检验，也是没有意义的。同时，我们还要检验一下执行任务的方法是否可行，因为一旦用错了方法，就等于南辕北辙，不仅耗费了大量的心力和时间，还让我们离目标越来越远。

通过检验，我们可以了解到清单上的内容与实际的差距，并且提前知晓在执行过程中可能会遇到的问题。这样的话，就可以及时根据已知信息，制订出相应的对策。

上述的检验是一种"试执行"，在真正执行的过程中，我们仍然需要借助实践进行检验。只是这一次检验的内容不只是清单的可行性，还包括我们的生活与工作状态。

在使用清单一段时间后，我们需要按一下暂停键，思考目前的生活与工作状态跟以前有什么不同。是比之前好了，还是不如从前？这些都能够直接说明清单产生的实际效用，也在提示我们，是该继续执行，还是要进行调整和改变？

那么，具体该怎样借助清单这个指引工具，审视我们的生活与工作状态呢？这里涉及三个时间点，也就是说，我们要结合三个阶段的情况来共同检验。

☑ 第一阶段：执行清单之前，结合现状进行检验

在执行清单之前，我们要对清单进行检验，确保它适用于当下的生活和工作状态，不会在时间上有什么冲突。如果有些清单不是需要立刻执行的，那就等到了临近执行日期的时候，再去检查。这个时候，我们的生活与工作状态与之后几天的情况，大概率不会出现太大的变化，此时对清单进行检验最为合适。

☑ 第二阶段：执行清单一周后，审视现状有无变化

按照清单上的内容执行一周后，我们要重新回过头来，审视一下这面"镜子"，检测它对我们的生活与工作现状带来了哪些变化，是进步了，还是后退了？是更有动力了，还是略感沉重？这样的一番审视，能够让我们知道，是要继续执行这份清单，还是要作出调整。

在这一阶段，由于清单所发挥的作用不同，采取的检验方式也有差别。

有些清单是为了提升工作效率，而有些清单是为了完成既定任务，我们要根据不同的清单所达成的结果，进行区别对待，才能真正检验出清单是否有效。当检验出结果后，无论是继续执行，还是要作出调整，都不要迟疑和拖延，立刻投入到行动中，"趁热打铁"才能收获最佳效果。

☑ 第三阶段：执行即将完成前，检验是否实现目标

在清单即将执行完的阶段，很多人认为即将大功告成，没必要再检验了。这种想法是有误的，因为完成清单并不代表目标实现，在执行清单的过程中，很有可能会偏离既定目标。

在这一阶段，调整已经无法在很大程度上影响清单的走向，但因为有了前面的两个步骤，我们的清单不会在大方向上出现问题。此时，只要细微地调整，就可以回归到正确的轨道上来。如果说，通过微调后发现仍旧无法实现目标，那就只能忍痛放弃，吸取这次的教训，在此基础上重新制作一份清单。对于一些较难实现的目标，这样的情况比较常见，需要一次次地进行检测，不断优化改进。

总而言之，把清单视为一面"镜子"，用它检测自己的生活与工作状态发生了怎样的变化，反过来，再用这些变化去审视清单，究竟是有效的、可继续执行，还是有问题的、需要进行调整。在实践中检验，再用检验的结果去调整实践，实现相辅相成。

第 **4** 章

灵活应变

CHAPTER 4

——把握主动权，真正让清单为你所用

01 是你在使用清单，别让清单指挥你

> **清单只是一个指示工具，**
>
> **执行的主体永远是人。**

制订好科学有效的清单之后，就要进入执行的阶段了。这是一个令人振奋的开始，许多人满怀期待，且信誓旦旦，严格要求自己一丝不苟地去执行任务。态度固然可敬，但方式需要斟酌，许多人在实际执行清单的时候，并没有预想得那么顺利，甚至会把自己弄得疲惫不堪。

那么，为何会出现这样的情况呢？

多数朋友开车的时候都用过导航，总体来说，导航可以实现95%的准确率。可在某些时候，遇到临时施工或修路，导航并不知晓道路暂时封闭，它还是会提示我们按照原来指定的路线行走。这种情况下，就不能再听导航的，而是要发挥主观能动性，合理地调整路线。

使用清单也是同样的道理，不能一板一眼地完全对照清单上的内容去执行，要学会在适当的时候灵活变通。倘若为了按照清单上的内容执行，忍痛推掉重要的聚会、不顾自己的身

体状态，就有点儿本末倒置了。原本使用清单就是为了让工作和生活变得简单一些，如果因为清单的存在，反倒像是多了一重艰巨的任务，搞得身心俱疲，实在是得不偿失。

那么，有没有什么办法，可以避免这样的情况发生呢？

结合自身的体验，我认为，在执行清单的时候，要秉持两个原则。

☑ 执行清单的原则

·原则1：当清单内容与实际情况产生冲突时，以实际情况为基准

清单上的内容，是我们对于未来的工作与生活的一种预测，但它们不能真正代表我们今后的工作与生活状态。毕竟，我们在制作清单时是停留在"假设一切如现在般正常"的状态下。可计划赶不上变化，在执行过程中，清单上的内容会与实际情况发生冲突。

> 你原本定好周日下午读完《小王子》，结果家里的小猫咪生病了，需要去宠物医院。这个时候，清单上的任务和实际情况就产生了冲突，我们该怎么处理呢？

如果继续按照清单上的计划去执行，先完成读书计划，再去宠物医院，可能会导致小猫咪的病情被延误。此时，我们要做的是变通，先顾及小宠物的安危，把这个要紧的事情处理好之后，晚上有闲暇了，再把读书任务补上，确保这一项任务不被拖延。

归根结底，清单只是工具，执行的主体永远是人。这就好比，开车需要导航，但不能完全依赖于导航，我们要的是借助工具更轻松、更方便地处理问题。如果在执行的过程中，发现还有更好的执行方式与解决方案，那也可以按照全新的"路线"去走。

·原则2：执行清单任务的时间，可以灵活地进行调整

有时候，清单上的内容与我们正常的生活与工作并不冲突，只是时间上有些出入。这个时候，我们就要随机应变，灵活地调整任务的执行顺序。

你原本计划晨读英语，但公司近期搬家了，距离有点儿远。这个时候，你就需要主动调整执行晨读任务的时间，来适应目前的状态。

上午你安排执行两项任务，完成后发现自己的状态依然很好，此时就可以再多执行一项任务；反

之，只做了一项任务后就感觉疲惫，那也不妨将下午的一些简单任务挪过来，作为一个"缓冲"。

按照上面的方式来使用清单，就显得灵活多了，不会被执行时间完全束缚，也可以让清单执行起来更顺利。说到底，这两个原则的主旨，都是让我们明确清单的执行主体是人。

我们使用清单是为了改善工作与生活的状态，换得自律与自由。倘若清单的存在变成了一个沉重的负担，那就有必要审视一下：到底是清单出了问题，还是自己使用清单的方式出了问题。清单就是工具，用对它、用好它，才能促成正向的改变。

02 沉迷打"√"
会影响执行的效能

> 仅仅为了结束任务而打"√"，
>
> 会麻痹对清单执行结果的判断。

刚开始接触清单的时候，我特别喜欢做一件事情：打"√"。

每完成一项待办任务，内心十分满足，接着就在已完成的任务后面打个"√"。看着清单上的"√"越来越多，有种如释重负的感觉，这些"√"就像是胜利的标记！

这样的状况持续了一段时间，后来我发现，当我把执行清单等同于简单的"√"以后，我的关注点几乎全都放在了"结束任务"上，也就是满足于"我做了某项任务"；但我忽视了对清单执行结果的判断，也就是没有考虑到"效率的高低"。

有段时间，我给自己制订了一个跑步任务——每天慢跑半小时。

现在回过头看，这个清单任务是不太合格的，因为不够详细，这也导致了我后来仅仅满足于"今天我跑步了"这件事，而忽略了过程中我是怎样跑的。

我们都知道，跑步的配速和公里数，都是评判跑步效率的重要因素。慢跑半小时，完成2公里和完成5公里，根本不可相提并论！后来，我将这个任务进行了细化：每天慢跑半小时，至少完成4公里的距离。

这样一来，我就可以直观地感受到，自己在执行跑步这项任务时，现阶段的水平是什么样的，一个月之后，我的水平又是什么样的，然后，该如何调整计划，让自己有进一步的提升。

☑ 执行清单不是简单地打"√"

从拖延到自律，不只是从静止状态走向行动，还要看行动的状态和最终的结果。做同样一件事，用一分精力和九分精力，结果肯定是不一样的；用一小时做好和用一天做好，结果更是大相径庭。这也再次提醒我们：细化清单任务至关重要，且执行清单也不是简单地打"√"。

打"√"的最大问题在于，它会麻痹我们对清单执行结果的判断，让我们只想着如何结束任务，而不是如何提高自己的工作效率。时间久了，执行某一项清单任务就变成了例行公事——只要我在"形式"上做了某件事，就算执行了这项任务。

可想而知，当清单的执行变成了敷衍了事、流于形式，做与不做的区别就会变得越来越小。虽然表面上看起来并没有拖延，可行动的收益却和拖延相差无几，低水平的重复、毫无价值的"努力"，不过是自欺欺人而已。

照此说来，执行清单是不是就不该打"√"？打"√"是完全错误的行为吗？

其实，打"√"的行为本身没有对错之分，关键是以什么样的心理去打"√"。如果像我之前那样，为了完成跑步这项任务而去打"√"，那就需要警惕了，我们在此所说的打"√"主要也是针对这样的情况。

如果你不确定自己是否因为打"√"的问题影响了执行清单的效果，那你可以结合以下两个方面进行审视和分析。

· 审视：清单是给你带来了动力，还是制造了负担和束缚？

我们制作清单，为的是让自己更有动力，而不是背上负担。动力这个东西，是让人对自己、对未来充满希望的，使人愿意为之不断努力；负担则不一样，它像是束缚人的枷锁，其存在就是一种压迫，让人机械式地去完成一个个任务。

打个通俗易懂的比方："糖果传奇"的游戏，你已经进行到了261关，此时你对它的热情已经没有当初那么强烈了，之所以每天玩，就是不想让之前的努力白费。每次打开这款游戏，就是为了多通过一关而已，完成任务后你就会下线，像例行公事一样。至于玩游戏的乐趣，早已荡然无存……这样的"执行"就是无意义。

·检验：根据任务的完成情况，判断清单是否产生了积极效用

清单制作好之后，能否发挥出积极的效用，需要用结果来检验。

就像我前面提到的：制订了跑步的任务后，我应该在一个月之后，用完成4公里的时间和配速去判断这项任务是否让我的体能得到了提升。如果我感觉到自己有进步了，那么，这个清单就是有效的。在这样的情况下，就算我没有在清单上打"√"也没关系，因为我已经切身地感受到了自己的进步，我会发自内心地认可这份清单，并愿意继续执行下去。

根据上述这两方面的情形，你应该对自己的清单执行状况有了初步的判断。如果在清单上打"√"的行为更倾向于例行公事，那就说明你已经对执行清单任务没什么热情了。在这样的状态下，这份清单是没办法帮助你实现自我进化的，而你也是在做无用功。

03 4W1H 原则，
实现清单的最大价值

> 执行清单时询问 4W1H，
>
> 有助于提升执行清单的效率与准确性。

有没有什么办法，能够让执行清单不流于形式呢？

你可能在其他书籍上听说过"4W1H"原则，实际上，我们也可以将其用于清单的执行，它可以有效地帮助我们提升效率，实现清单的最大价值。在执行清单的时候，如果能够准确地回答"4W1H"这5个问题，就可以保证执行清单的准确性。

☑ 4W1H原则

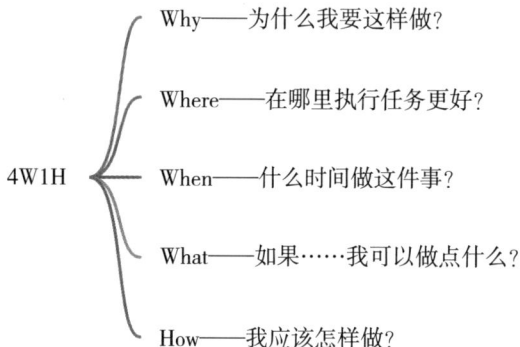

4W1H
- Why——为什么我要这样做？
- Where——在哪里执行任务更好？
- When——什么时间做这件事？
- What——如果……我可以做点什么？
- How——我应该怎样做？

·Why——为什么我要这样做？

明确目的，即为什么要做这件事。在执行清单时，只有明确目标，才能得到预期的结果。

还以跑步为例，我制订跑步清单任务的初衷是什么？为了身体健康，提高体能和代谢，保持匀称的身材，这是我的目的。那么，如果有一天，我跑步跑腻了，突然想跳绳或游泳了，可不可以呢？当然，我可以调整一下执行的方式——从跑步改成游泳，或者是跳绳，这对整体的计划没有妨碍，因为我的任务和目标始终如一，我一直记得自己为什么要做这件事。

·Where——在哪里执行任务更好？

执行任务的地点和环境，虽然不是影响清单执行结果的主要因素，却可以间接地帮助我们更好地完成任务。每个人对不同的环境会产生不同的心理感受，自然也有喜欢和不喜欢的地方，能在喜欢的氛围下做事，效率自然更高。

就拿运动来说，在室内跑步机上跑，和在户外跑，完全是两个感受。有些人图方便，就喜欢在家里备一台跑步机；有的人觉得室内跑太枯燥，坚持不下去，那就可以去户外，一边欣赏风景，一边执行跑步任务。总之，选择执行任务的地点，是为了带给自己更好的感受，从而提升行动意愿，减少拖延的发生。

· When——什么时间做这件事?

每个人都有自己的生活方式和习惯，明确什么时间做哪件事情很重要，它不仅影响清单任务的执行结果，也关系到能否掌控自己的节奏。当生活中出现一些突发状况时，要灵活地调整执行清单任务的时间，这样既可以完成任务，也不会影响做事的状态，一切都跟随自己当下的状况和节奏来。

· What——如果……我可以做点什么?

在执行清单的时候，我们可能会提前完成任务，也可能会因意外状况无法执行任务，这个时候，我们需要问问自己：我可以做点什么来补救? 明确了这一点，就会在心理上得到释放，避免因情绪问题而拖延，同时也可以提高执行的效率。

· How——我应该怎样做?

做事的方式和过程，直接影响做事的结果。这就是说，在执行清单上的任务时，我们需要了解详细的任务步骤，知道该怎么去完成它，每一步做到什么程度。对要做的事情有一个整体的把控后，即便遇到突发状况，我们也更容易轻松应对。

以上，就是实现高效执行清单又不被清单束缚的一些方法，希望它能够给你带来帮助。

04 要立足于清单，但不局限于清单

以整体的目标为主，

以清单上的步骤为辅，

结合当下的情况选择最好的执行清单方式。

> 郑人买履的故事，你应该很早就听过了。
>
> 一个郑国人准备到集市上买双鞋子，为了买鞋方便，他事先用一根绳子测量了自己的脚长。当他来到集市后，发现量好的绳子没带，就想着赶紧回去取。
>
> 这时，卖鞋的商人说："你可以用自己的脚试一下鞋子是否合适。"
>
> 谁想，郑国人一脸严肃地说："我宁愿相信量好的绳子，也不愿相信自己的脚。"

多数人都曾暗暗嘲笑过故事里的郑国人太过刻板，回过头想想，如果我们犯了"唯清单是从"的错误，又和这个郑国人有何区别？制订清单的主体是人，执行清单的主体也是人，正确、高效地使用清单需要拥有自主意识。我们得明确，自己想要的是什么，可以通过什么样的方式实现，进而掌控自己的行为。

清单，是立足于当下制订出来的，为了少走弯路，顺利实现目标，我们会写下完成清单的步骤，但这并不意味着，做事的方法仅限于清单。清单只是实现预期目标的工具，在立足于清单的同时，我们还应当着眼于大局，以整体目标为准，开阔思维和视野，提升应变能力，尝试更多的做事方法。

那么，怎样做才能够不局限于清单，让生活因清单变得更美好呢？

☑ 分清主次：以完成目标为主，清单只是辅助工具

当我们明确地知晓，清单只是实现目标的一个辅助工具时，就不会轻易被清单束缚了。这需要我们时刻谨记，完成目标才是第一要务，清单不过是一个助推器。换句话说，我们的任务不是去完成清单，而是利用清单的规划，让自己减少拖延、专注要事，获得高效率的工作和高质量的生活。在制作清单和执行清单的过程中，我们能够提升各个方面的能力，这才是使用清单的真正意义。

☑ 权衡取舍：以人生发展为主，不同阶段有不同的侧重点

人生有不同的阶段，每个阶段至少有一个主要目标，比如：学生时代的目标是掌握学习方法，考上理想的大学；工作之后的目标，是培养自身的核心竞争力，获得长远的职场发展。这就意味着，我们在制订清单时要以人生发展为主，做好权衡取舍。毕竟，当我们为了实现一个目标而努力时，所做的一些事情可能会阻碍另一个目标的实现。

很多女性希望能兼顾家庭和事业，付出了很多的努力，结果哪一件事也没能做到让自己满意，还把自己搞得焦头烂额。现实告诉我们：家庭和事业兼顾几乎是不可能实现的，长时间处理两项对身心消耗巨大的任务，又没有机会去补充精力，肯定会把自己"榨干"。所以，在制订清单任务时，要立足于现实，在某一时期选择一个侧重点。如果你这几年看重的是事业发展，就需要争取家人的支持与配合，协助照顾好家庭；如果你希望在孩子年幼时多陪伴他，照顾家庭，就要收回在事业方面的一些时间和精力。

当两个目标发生冲突的时候，需要我们做出取舍，关注内心最渴望的，找到最佳的做事方法，而不是像机器一样去执行清单任务。毕竟，人的时间和精力有限，把自己弄得精疲力

竭，往往什么也得不到。

☑ 关注需求：以活得更好为主，人生不只有目标

人生中不只有目标，还有许多其他需求。如果为了执行清单而忽视这些需求，就无法为自己补充情感精力。在精力匮乏的情况下，人是很容易拖延的。

清单是一个很好的工具，可以协助我们更快更好地完成重要的事。可清单不是生活的全部，如果因为清单的存在，把自己变成了一个任务处理器，时时刻刻都被安排好去处理不同的任务，那"我们"又在哪里？生活还有"生活"的味道吗？

05 事情偏离了预期，不代表目标失误

只要整体目标的方向没有发生改变，

不必因为一件事情的偏差而否定整个清单。

2017年9月，人力资源和社会保障部正式取消了心理咨询师的职业资格考试。直至撰写这本书之际，还没有正式出台与之相关的从业资格考试，也就是说很多想从业的朋友，无法再考取和原来一样的，由国家人社部职业技能鉴定中心认证的心理咨询师资格证书。

这件事对学生小蕊的影响很大，她从2016年开始正式学习心理学，其清单计划是完成心理咨询师三级和二级的连读课程，并考取相应的心理咨询师资格证书。在三级课程学习完毕后，她参加了当年的职业资格考试，初考因技能科目差了5分未能通过。

在正式取消心理咨询师资格考试之前，参加了上一次考试且有单科未通过科目的学员，有一次补考的机会。小蕊重新考了三级，并顺利通过。在那之后，心理咨询师职业资格考试就彻底取消了，这

也意味着，小蕊没办法再去考二级了。

小蕊当初报考的是"三二连读"的课程，如今还剩下一年的二级课程没有学习。按照原来制订的清单来看，事情俨然偏离了她的预期，谁也没有想到资格考试会取消。培训机构将原来的"二级课程"调整为"中阶课程"，即使不参加"中阶课程"，课程费也是不退的，因为是不可抗力因素所致，且当初连报课程的费用也是特惠价。

小蕊很郁闷，她向我吐露内心的困惑："是不是我当初考虑得太不周全了，不该直接报三二连读？我这个目标设定得是不是有问题？"

我问小蕊："读完三级和二级的课程，考取相应的职业资格证书，是你学习心理学的初衷和深层动力吗？"小蕊摇摇头，说："我想要的是通过学习和考试，巩固心理学的理论知识，在获得知识与技能的同时，实现自我成长，更好地应对生活中的各种问题。"

我说："既然如此，那就不该以此来界定目标的正误。虽然暂时没有机会考二级证书，但这并不影响你在心理学领域的求知路上继续走下去，根植于你内心的大方向，也没有发生改变。虽然事情没有按照你预期的轨道发展，可你依然可以通过继续学习中阶课程获得提升。"

借助小蕊的这段经历，我想跟大家分享的是：当我们在使用清单后，发现一些事情偏离了自己原本设想的样子，不要立刻怀疑是制作的清单出现了目标失误，对其内容进行更改，这会造成麻烦。到底是不是目标失误，我们需要从3个方面来界定。

☑ 界定标准1：某件事情出现偏差，是否导致整个目标发生改变

某件事情所达成的结果，跟我们最初的设想存在偏差，这是很正常的情况，我们不能就此否定整个清单。我们要做的是，观察这件事情出现偏差后，是否让我们的整个目标发生了改变？如果整体目标的方向不变，有些许偏差也不必太在意。

这就好比：你是一个渔夫，靠捕鱼为生，原计划是通过撒网来捕鱼，但哪天渔网破了，你就转变了方式，用鱼竿钓鱼。虽然和原来设想的情况不太一样，但只要能够及时捕到鱼，解决伙食问题，用哪种方式捕鱼并不是最重要的。

☑ 界定标准2：觉察执行清单后的真实体验，是愉悦还是痛苦

在执行清单一段时间后，我们可能会发现，距离目标还有很长的距离，这个时候，很容易对清单的目标设定产生怀

疑。究竟是不是目标失误，切身的感受是最好的证明。

在执行清单后，你是觉得很愉悦，想继续坚持下去，还是痛苦不堪，觉得自找罪受？如果是前者，那说明清单满足了我们在某些方面的需求。尽管中间有些许偏差，让我们感觉距离目标甚远，这个时候，相信自己执行清单后的切身感受，我们就会回归到理性上来，知道自己所做的事情是值得的，也是正确的。只要方向没错，稍慢一点也无妨。

☑ 界定标准3：参考执行清单之后的结果，是否让整体情况变糟

事实胜于雄辩，没有发生过的事情，并不能够说明现在的情况是不对的。在执行清单一段时间之后，要观察既定的结果，如果它并未让整体情况变糟糕，就不能对目前所做的事情下定论，说它是错误的。

总而言之，在无法完全按照清单去执行的时候，不要即刻怀疑清单出现了失误。尝试从上面的三个方面进行分析，去判断事实和真相，作出恰当的回应。

06 清单不能随意更改，必要时只能微调

制订的清单被随意涂改后，

执行清单时的心情和效率都会大打折扣。

如果经过检查和评估，我们发现清单确实在某些方面存在错误和不足，与目标存在偏差，这又该怎么办呢？答案十分肯定，需要进行调整和修改，以便继续执行，不影响目标的达成。

可是，在对清单进行调整时，许多人并没有掌握原则和方法，肆无忌惮地在清单上删减、补充和修订，这种做法是绝对不可取的。我们对待清单要有严肃的态度，试想一下：一张精心制作的清单被涂改得乱七八糟，面对这样的清单，你的内心对它还有多少敬畏？还愿意按照它去执行吗？就算是执行，也得花费时间和心思去辨别内容，哪些是被划掉的，哪些是划错的。原本制作清单是为了省劲，到最后却凭空给自己增加了不少麻烦。

☑ 允许少许修订清单的几种特殊情况

清单不可随意涂改，只有遇到以下几种特殊情况，才可

以进行少许的修订。

·特殊情况1：清单上的任务执行时间与现实发生冲突

清单不是随意列出来的一张表，而是花费了时间和精力，又经过了再三检验才确定可执行的，因此在一般情况下，不会出现什么问题。所以，我们对待清单也要有敬畏心，不可随意涂改。除非清单上的任务执行时间和现实发生冲突，无法保证正常的生活与工作节奏，这个时候，才有必要进行修改，修改的幅度不要太大，在必要的位置做个记号即可。

·特殊情况2：清单上的任务执行顺序与现实发生冲突

清单的制订毕竟是建立在设想之上的，有可能因为一些意外状况，导致任务执行顺序与现实发生冲突。在这样的情况下，我们就有必要对清单进行修改，调整一下任务顺序。

在调整清单的过程中，以保证改动最少实现调整最优化为前提，尽量不要破坏清单整体的协调性。如果清单上出现了大量需要修改之处，最好将其舍弃。这样的清单，即便进行了修改，也会拉低执行的效率。与其抱残守缺，不如果断放弃。

·其他特殊情况

上述的两个原因是最常见的，另外还有几种特殊情况，也需要对清单进行微调。

1.由于实际情况的改变，需要删除或增加一些任务。

2.清单中的任务被迫中断，需要进行简单的调整，以便后续执行。

3.提前或延后完成任务，需要对清单进行少量改动。

看到这里，想必你已经了解了，在什么样的状况下可以对清单进行修订。同时，你也应该掌握了修订清单的原则，不能大动干戈，只能少量微调。

☑ 确保少量修订，要做好的3件事

·第1件事：保持清单整洁，页面不被污损

在修改清单时，保持外观的整洁，不随意涂改，是很重要的事。毕竟，清单也带有一种"仪式感"，保持整洁是对工作成果的尊重，更能方便日后执行任务。

为了避免污损外观，要三思而后行：发现某处存在错误时，不要顺手就涂改，还得审视其他地方是否也需要修改。将所有要修改的地方都找出来，看看怎样调整最合适、最简洁，然后再着手去做。

在修订的过程中，不要让液体沾染了清单页面，弄脏了的

话，一来不太美观，影响心情；二来也会影响我们查看任务。

· 第2件事：保证清单的整体性不被破坏

无论清单出现什么样的问题，在修改的过程中，都不能破坏清单的整体性。

如果清单变成了断断续续的任务"拼图"，就算是完成了全部任务，也难以达成目标。如果任务不统一，就缺少循序渐进提升技能的突破点，做再多的任务也只是数量上的增加，难有质的改变，使我们陷入低水平重复中，无法实现目标。

如何保证清单的整体性不被破坏呢？

最简单的办法就是：不要把所有任务都调整一遍，如果每个任务都存在类似问题，这份清单就是有问题的，不如换一个新的。如果是可进行修订的，不妨在清单的空白处贴一个便利贴，写上修改意见。这样的处理方式，既不会破坏清单的整体性，也可以保证页面的整洁。

· 第3件事：保证清单任务的逻辑性不被打乱

清单上的任务排列，以及每个任务的完成步骤，都存在一定的关联，要按照这个排列依次完成，才能达到最佳效果。当我们发现清单上的某些任务存在问题，需要对其进行修改时，一定要保证任务的逻辑性不被打乱。这就要求，在修改清单的时候，要从整体上把握，不要只盯着细枝末节，要通篇审视后再去修改。

做好上述这3件事，我们在对清单进行修改时，才能最大限度地实现通过"微调"来完善清单。否则的话，清单很有可能会被涂抹成一张废纸，前功尽弃。

07 做好时间管理，
不拖延清单的进程

> 在规定时间内完成既定任务，
>
> 清单的执行才有意义。

我们使用清单，是为了告别拖延，走出低效的工作模式。这就意味着，在执行清单的过程中，一定要考虑到时间因素。最简单的例子就是，你花费5小时完成日清单上的待办任务，和花费9小时完成同等的任务，相差的不仅仅是4小时，你还错失了利用这4小时做想做之事的机会，以及充分享受4小时自由时间的惬意。

只有在规定的时间内（甚至提前）完成既定的待办任务，保质保量且不拖延，清单的执行才有意义。为了实现这样的状态，在制订和执行清单时，务必要做到以下3件事。

☑ 执行清单的时间表，要适合自身的习惯和特质

一份有效的清单，需要明确执行任务的时间段，但不是将这个时间卡得死死的，这样有利于我们根据当时的情况或情

绪状态来调整执行任务的时间。所以，在制订清单执行时间表时，要理性地对自己进行剖析，考虑到自身的习惯与特质。

比如，你无法做到"5点钟起床"，那就尽量别把运动的时间定在早晨，可以将"晨练"改成"工作间歇时锻炼"或是"傍晚"；如果你有拖延的问题，那就少给自己预留一些时间，让自己产生时间紧迫感，促使自己提升工作效率。

☑ 执行清单任务时，保持专注的状态

加拿大学者皮特斯蒂在拖延症研究领域颇有建树，他在《拖延方程式：今日烦来明日忧》一书中，用一个方程式形象地阐述了拖延的主因。

U（工作效率）＝E（成功的期望值）V（工作收益）/I（分心度）D（拖延程度）

由此可见，分心度的大小直接影响着工作效率的高低，两者是反比关系。分心度越大，工作效率越低。那些经常完不成待办任务、感叹时间紧迫的人，通常都是在分心的问题上栽了跟头。想按时或提前完成清单上的待办任务，在执行任务时保持专注是必不可少的。

☑ 合理地分配时间，掌握"二八法则"

意大利经济学家帕累托从研究中归纳出一个结论：80%的财富流向了20%的人群，而80%的人却只拥有20%的财富。这一法则不仅适用于经济领域，也适用于时间管理：一个人在各个领域上所表现出的大多数价值，都是在某一小段时间里取得的；也就是说，80%的成就是在20%的时间内取得的，剩余的80%的时间只创造了20%的价值。

人不是机器，不能每分每秒都保持高速运转，谁都无法做到时刻精力充沛、干练有余。有时，我们觉得情绪饱满、精神焕发，做什么都很顺利；有时又会觉得浑身疲乏、情绪低落，丝毫不想动弹，无形中浪费了很多时间。要想提高执行清单的效率，就要学会合理地分配时间，将精力最充沛的黄金时间留给最重要、最有价值的待办任务。

时间本身是公平的，但如何利用时间，却是人们可以控制的。为了不拖延清单的执行进程，为了花少量的时间做更多的事情，我们在执行清单时一定要重视时间管理。如果你不太了解这方面的知识，不妨将"学会N种时间管理的方法"列入近期的待办事项清单。

第 **5** 章

情绪清单

——描绘情绪地图，洞见拖延背后的真相

01 每一项任务都伴随着一种情绪

> 如果能调整好自己的情绪，
>
> 拖延的问题也会得到有效的缓解。

当你的清单任务都比较详细，且涵盖了截止日期，也提供了任务场景，且保证了任务和特定的目标相关，可最后还是没能很好地完成甚至拖延时，你可能需要思考一个问题：是不是消极的情绪影响了你的执行力？

情绪与行为之间的关系，远比我们想象得更密切。

美国学者亚伦·贝克早在1985年就指出，感觉与思维之间有着密切的关系："当我们情绪低落时，我们的思维和回忆总是向坏的方向发展，结果导致情绪更加阴暗。思想变坏之后，情绪又跟着变坏，从而进入一个越来越抑郁的下降螺旋。"

当我们被焦虑、恐惧、愤怒等消极情绪紧紧地缠绕，而又无法找到出口时，自身的状态会持续地走下坡路。这个时候，任何人都很难热情饱满地去面对工作和生活，更难以调动思考力和创造力，作出理性的决策。如果你在工作期间，列出的清单任务总是难以完成，经常被拖延困扰，在排除"清单本身存在问题"的可能性后，就要评估一下自己的情绪状态了。

☑ 消极情绪是拖延的诱因

当我们查看清单或是思考接下来要做的事情时，无论有没有意识到，我们的情绪都会出现很大的波动。每一项任务都伴随着一种情绪，它可能是兴奋、无聊，也可能是焦虑、恐惧。

谢菲尔德大学心理学教授弗斯基亚·西罗斯博士曾说："人们陷入长期拖延的非理性循环，是因为他们无法控制围绕一项任务的消极情绪。"拖延与消极情绪有直接的关系！可以说，拖延是一种应对由某种任务引发的挑战性情绪和消极情绪的方式，这些情绪可能是无聊、恐惧、怨恨、焦虑、自我怀疑、不安全感，等等。早在2013年的一项研究中，西罗斯博士就指出，拖延症可以被理解为"短期情绪修复……而非长期追求预期的行动"。

这个世界上，几乎不存在完全不拖延的人，但也不存在凡事都拖延的人。真实的情况更贴近于，人们总是在某些方面表现出拖延，而在另外一些方面选择不拖延。之所以出现这种选择性或局部性拖延，与我们的生理机制有不可分割的关系。

☑ 情绪脑vs理性脑的对峙

情绪脑，也被称为"原始脑"，主要负责与情绪有关的事务；理性脑，也被称为"高级脑"，主要负责逻辑思考、理性分析等事务。

在拖延的情境下，情绪脑代表的是本我的需求，渴望得到即时的情绪满足。

如："我想玩游戏，不想工作""我想吃东西，不想控制饮食"。

理性脑代表的是现实原则和目标指向，即客观事实和要完成的任务。

如："我今天得递交周报""我已经超重了，不得不开始减肥计划"。

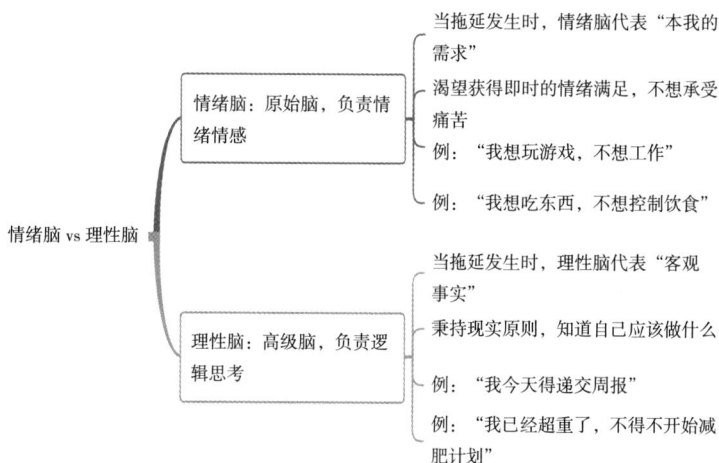

情绪脑 vs 理性脑

情绪脑：原始脑，负责情绪情感
- 当拖延发生时，情绪脑代表"本我的需求"
- 渴望获得即时的情绪满足，不想承受痛苦
- 例："我想玩游戏，不想工作"
- 例："我想吃东西，不想控制饮食"

理性脑：高级脑，负责逻辑思考
- 当拖延发生时，理性脑代表"客观事实"
- 秉持现实原则，知道自己应该做什么
- 例："我今天得递交周报"
- 例："我已经超重了，不得不开始减肥计划"

当情绪脑与理性脑对峙，最终前者获胜时，大脑就会释放出一种和愉悦相关的神经递质。在面对情境压力和现实任务时，为了能够获得短暂的、舒适的体验，情绪脑会驱使我们去做一些逃避任务、脱离当下的行为，以避免理性脑带来的痛苦体验。换句话说，如果去执行某一项任务会让我们产生消极情绪，而现实又要求我们不得不做时，拖延就成了第一选择。

消极情绪是人性的一部分，每个人都无法绕开，也不必抗拒。解释情绪状态对执行力有负面影响，是为了让我们进一步地认识到：面对拖延的问题，不是单纯地学会制作和使用清单就够了，让清单这一工具发挥效用的前提是——做好情绪管理。

我们决定是否做一件事情，常常取决于自己的感受，而不是依据理性思考。所以，我们要把重点放在安抚情绪脑上，同时避免情绪驱动的行为。

·当拖延发生时，用自我原谅代替自我苛责

在2010年的一项针对拖延的研究中，研究人员发现：那些能够原谅自己在准备第一次考试时拖延的学生，在下一次备考时拖延的概率会降低。他们的结论是：自我原谅可以让个人摆脱不适应的行为，专注于即将到来的考试，而不受过去行为的影响，提升做事效率。

可能会有人心存疑惑：自我宽恕难道不会让人更堕落

吗？这不是一种纵容吗？

其实不然，心理学研究显示：自我宽恕比自我苛责更利于自我改变。内疚和自责会降低我们的自尊，让我们觉得自己一事无成、懒散，继而陷入"放松——自责——更严重的放纵"的怪圈。有了宽恕，我们才有勇气继续尝试，觉得自己和现实情况存在变好的可能。

·出现错误和失败时，理解自己、善待自己

西罗斯博士曾经研究过压力、自我同情和拖延之间的关系，结果发现：拖延者通常压力很大，但自我同情很低。如果拖延者可以多一点自我同情，那就能为应对与自我相关事件的负面反应提供缓冲，它可以减少心理压力，增强自我价值感。

·情绪糟糕时，根据兴趣有意识地进行转移

痛苦往往会在反复咀嚼中加倍，所以要避免沉溺在消极情绪中。在感觉情绪状态糟糕时，可以根据自己的兴趣有意识地将其转移到可以替代的事情上。切记，当情绪降低到可以接受的范围时，要及时回归到当下应对的清单任务中。

02 拖延的本质是逃避痛苦的体验

拖延的深层原因，

不是缺乏意志力或动力，

是恐惧让我们无法朝着目标迈进。

我们都有过拖延的体验，知道拖延与延迟有关，但有一个问题值得思考：所有的推迟行为都叫拖延吗？似乎并不是这样，拖延的实际意义远比字面意义更复杂。

情景1：晚上6点30分，公司举办年会，你计算着时间，临近年会开始才到场。

情景2：家里出了急事，你把所有的工作都推迟了。

情景3：飞机4点钟起飞，你没有提前2小时抵达机场。

上述的3个情景都和推迟有关，可我们不会认为这是拖延。没有早早地抵达会场，不会造成什么负面影响，只要按时出席就好了；出了紧急事件，推迟工作事务是为了避免付出更大的代价；乘坐飞机没有必要非得在飞机起飞前2小时抵达机场，不耽误乘机就可以了，在候机室里干等着，不如做点有价值的事情。

拖延包含着推迟的成分，但不是所有的推迟行为都叫拖延。拖延，指的是"非理性的推迟行为"，即明知道拖下去会让结果变得糟糕，却还是主观地选择推迟，且清楚地知道自己正与好的结果渐行渐远。所以，不是推迟行为本身造成了拖延，而是我们的选择造成了拖延。

为什么明知道有些事情很重要，当下就应该着手解决，却要转而去做一些无关痛痒的事呢？英国心理分析学家梅尔泽说过一句话，用在这里作为解释恰如其分："就其本质而言，一切防御机制都是我们为了逃避痛苦而向自己撒的谎。"

☑ 拖延的背后是恐惧

趋乐避苦是人类心理最基本的动机，也是其他一切心理功能的基础。拖延是主观选择推迟那些让自己感觉痛苦的体验，它不是一个简单的行为问题，而是一个复杂的心理问题。出于自我保护的本能，人类对于"恐惧"的反应十分迅速，大脑会在瞬间接收到强烈的信号，并留下深刻的记忆。为了应对恐惧，人类逐渐发展出了一系列的防御机制来保护自己，拖延就是其中之一。

1983 年，美国加利福尼亚州的两位临床心理学家简·博克和莱诺拉·尤思博士研究得出："在所有无序和拖拉的背后，人们其实在害怕他们不被接受，以至于他们不仅躲开这个世界，甚至躲开自己。"2009 年，卡尔顿大学的提摩西·派切尔教授通过研究证实：导致拖延症的恐惧是多方面的，有人是因为缺乏信心而拖延；有人是害怕表现不好丢脸、伤自尊而拖延；还有人则是害怕自己失败了，会让自己最在意的人失望，所以才会拖延。

鉴于家庭环境、成长经历、个人性格等差异，每个人内心深处都有其特定的恐惧，甚至有些恐惧连当事人自己都没有意识到。日本时装设计师山本耀司说过："自己，这个东西是看不见的，撞上一些别的什么，反弹回来，才会了解自己。"那些曾经或此刻发生在我们身上的拖延，那些为拖延而产生的焦虑不安、自我厌恶，恰恰是一面照见真实自我的镜子。

当我们能够认识到拖延的根源是恐惧时，就迈出了改变拖延的一大步。人的大脑是有可塑性的，是一个处于不断变化中的动力系统，既可以强化原来的"恐惧—拖延"模式，也可以重建新的行为模式。为了更好地应对拖延，我们需要给自己准备一份"情绪清单"，清晰地知道当自己想要（或正在）拖延时，这一行为背后的深层恐惧是什么，受哪些不合理信念的左右，又该如何处理相关的负面情绪。

03 情绪清单之——
我担心自己会失败

> 有些人宁愿承受拖延所带来的痛苦后果，
>
> 也不愿承受努力之后却没有如愿以偿所带来的羞辱。

许多拖延者都存在一个心理症结，宁肯被认为不够努力，也不愿被认为没有能力。他们害怕他人对自己进行负面评判，担心自己的不足被发现，更害怕付出最大的努力还是做得不够好……这些担忧反映了恐惧失败的心理，拖延对他们而言就是应对恐惧的一个心理策略。

☑ 拖延者的假设：自我价值感 = 能力 = 表现

加利福尼亚大学伯克利分校的理查德·比瑞博士观察到，害怕失败的人往往都有自己的一套假设，比如："我做的事情直接反映了我的能力""我的能力水平决定了我的个人价值""我做的事情反映了我的个人价值"。对于这些假设，比瑞博士提出了一个等式：

自我价值感 = 能力 = 表现

用这一等式来诠释拖延者的思维，即："如果我表现得好，就证明我能力强，我喜欢这样的自己""如果我表现不好，就证明我没有能力，我感觉这样的自己很糟糕"。

显然，这已经不是某件事情做得好与不好的问题，在拖延者看来，自己的表现好坏直接成为衡量自己是否有能力、是否有价值的标准。

当他们面临具有挑战性的任务时，对失败的恐惧会促使他们选择拖延，以此打断能力和表现之间的等号，让原来的等式变成下列的模式：

自我价值感 ＝ 能力 ≠ 表现

拖延的存在，让表现不再等同于能力，因为两者之间缺少了努力。这就意味着，无论最终的表现如何，他们依然可以维系自我价值与能力之间的关系。借由拖延，他们还能够获得心理上的安慰，让自己相信自己的能力大于表现。对他们而言，比起将自己视为无能、无价值的人，还不如责备自己懒惰、邋遢、高傲、不协作呢！

☑ 用成长式思维看待失败

斯坦福大学心理学家卡罗尔·德韦克在研究"人怎样面对失败"的问题时，识别出了两种截然不同的思维模式，即僵固式思维与成长式思维。

· 僵固式思维

这种思维模式认为，智力与才能是天生的，是固定不变的；成功就是要证明自己的能力，证明自己是聪明的、有才干的。秉持这种思维的人，总是渴望让自己看起来很聪明、很优秀，容不得任何情况下的任何错误，因为错误是失败的证据。他们不想做任何可能会证明自己不能胜任或证明自己没有价值的事，这就为拖延创造了条件。

· 成长式思维

这种思维模式认为，能力是可以发展的，人可以通过努力变得更有才能、更优秀。秉持这种思维的人，会持续不断地学习，勇于接受挑战，在挫折面前不断奋斗，会在批评中进步，在别人的成功中汲取经验，并获得激励。他们不会要求自己立刻擅长某件事，有时还会刻意尝试一些自己不擅长的事，激发自身的潜能。

·成长式思维的养成

成长式思维要如何养成呢？这里有几条指导性建议，大家可以作为参考：

1.认识并接纳自身的弱点。

2.把挑战视为学习和成长的机遇。

3.找到自己的最佳学习方式。

4.注重成长，而非被他人认可。

5.享受学习过程，接纳超过预期计划的事情发生。

6.学会给予并接受建设性意见，把批判视为学习的途径。

7.不断制订新目标，学无止境。

碍于时间和客观条件限制，本书无法对上述内容逐一展开，详尽阐述。毕竟，自我成长是一项系统的长期工程，需要花费时间和心力去学习和实践。以上所列，意在提供大致的方向，无论怎样，有章可循总好过大海捞针，希望这些建议可以让你少走一些弯路。

04 情绪清单之——我不敢去追求成功

人们渴望成功也害怕成功，

因为凡事皆有代价。

对失败心存畏惧，这很容易理解，可说起惧怕成功和优秀，许多人就会觉得匪夷所思，但事实的确如此。人不只会躲避自己的低谷，也躲避自己的高峰。

> 从事建筑设计的林菡，一直把"拥有自己的设计工作室"作为梦想清单上的要务。然而，工作十余年，那些新奇的创意多半都只存活于她的脑海，鲜少会跃然纸上。整个设计院里，没有人愿意跟林菡搭档，她的拖延问题实在让人无语，经常无法在截止日期前交稿。
>
> 林菡很矛盾，既希望别人喜欢自己的设计，又对别人的称赞感到不安。她的注意力，大都集中在自责与自愧上。为了解决自己的心理困扰，她走进了咨询室，并逐渐看清了自己内心，说出了那份

"不安"究竟是什么？

"如果我做得特别好，开设了自己的工作室，我肯定会成为周围人关注的焦点。他们会在意我的生意是否成功，期待我是否能够不断拿出有创意的作品……我很害怕那种期待，要满足这种期待的话，我就得不断地给自己加压，不停地工作。那样的话，我可能就没有那么多时间和自由留给自己随意使用了。"

不难看出，林菡之所以会拖延自己的梦想清单，其实是担心成功之后，别人会提高对自己的期望，这让她感到不安。对她来说，这感觉就像是跳高，经过一次又一次地努力，终于越过了1.2米高度的横杆。接着，就眼睁睁地看着别人把横杆抬高了。

现实生活中，人们对成功的渴望，远比对成功的畏惧更容易被识别出来。正因为此，很多拖延者自己都没有意识到，他们总是拖延或不参与竞争，目的就是把自己的优秀掩藏起来，逃避成功及其附带的某种"威胁"。

☑ 约拿情结

这样的现象，被美国心理学家马斯洛称为"约拿情结"，他在笔记中这样描述道："我们害怕变成在最完美的时刻和最完善的条件下，以最大的勇气所能设想的样子。但同时，我们又对这种可能极为推崇。这是一种对自身杰出的畏惧，或躲开自己卓越天赋的心理。"

明明很渴望机遇，却在机遇到来的那一刻，选择了退缩与逃避，这就是"约拿情结"。正因为这一心理的存在，致使很多人不敢去做自己原本可以做得很好的事，甚至逃避挖掘自身的潜力。听起来似乎有些矛盾，不容易理解，但这的确是事实：人们渴望成功，却也害怕成功，因为凡事皆有代价。抓住成功的机会，意味着要付出相当大的努力，面对许多无法预料的变化，并承担可能失败的风险。

心理学家研究发现，约拿情结产生的原因主要有三方面：

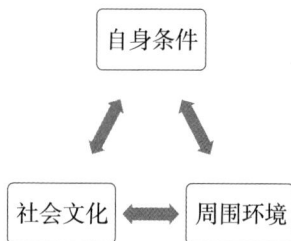

```
            ┌──────┐
            │ 自身条件 │
            └──────┘
              ↙   ↘
  ┌──────┐        ┌──────┐
  │ 社会文化 │ ←→ │ 周围环境 │
  └──────┘        └──────┘
```

原因1：早年因自身条件限制，产生了"我不行""我做不到"的想法，久而久之就变得自卑，即便日后有能力也不敢展示出来。

原因2：成长环境未能提供足够的安全感和机会，致使个体患得患失，即便有机会摆在眼前，也不敢轻易尝试。

原因3：所处的社会文化过分强调"谦卑低调"，为了迎合大众心理，故而隐藏光芒。

成功意味着"被看见"，被看见的时候，既有愉悦感和成就感，也会有不舒服感；既有骄傲感和荣誉感，也有暴露于众的尴尬感。对于自尊不稳定的人来说，他们想逃避的恰恰是被看见、被关注时以"羞耻感"为核心的负面情感。

☑ 如何摆脱约拿情结?

在自我成长的路上，约拿情结是一块阻碍前进的巨石，正如马斯洛所说："如果你总是想方设法掩盖自己本有的光辉，那么你的未来肯定是黯然无光的。"

那么，怎样才能摆脱约拿情结的束缚呢?

·建议1：了解内心的状况，接受约拿情结的存在

当你靠近自己渴望的目标时，一旦心里感到隐隐不安、产生逃避的倾向时，就是你的防御机制发生了作用，你在试图退缩到自己内心的安全领地。

意识到这一点至关重要，你可以理性地知道发生了什么，然后作出有利于自己的选择——打破防御，克服恐惧的心理，鼓起勇气靠近内心渴望的目标。

·建议2：从小事入手，积累勇气和自信

成长也好，成功也罢，都不是一蹴而就的。不妨从较小的目标入手，循序渐进地释放自己的潜能。每一次得到的鼓励和肯定，都会成为下一次行动的驱力。

生命是一个连续的过程，每一个选择都会伴随进退的冲突，如果每次都选择勇敢地前进一步，那么积累起来，就是不可小觑的大跨越。

05 情绪清单之——
我无法接受不完美

不是非要处处都完美，

才能证明你是有价值的。

说起拖延，许多人会想到懒散、不自律，其实并非所有的拖延症患者都没有上进心。相反，许多拖延者对自身要求甚高，只是他们倾向于用完美主义的方式思考问题，一旦达不到自己设立的标准，就很难全心投入其中，这才导致了拖延。

可能会有人心存质疑：连基本的工作任务都完不成，总是拖沓着不行动，怎么看也不像是完美主义者呀？其实，完美主义向来不是以工作结果或工作过程来评判的，而是以当事人对自己的期待来评判的。

> 负责公众号运营的阿哲被领导批了，因为今天的公众号推送延迟了一小时。
>
> 阿哲没有辩解，知道这件事就是自己的责任。今天要推送的文章中有大量的图片，阿哲一直忙着对图片进行剪裁和排版，希望把它们处理得漂亮一些，等他感觉比较满意时，忽地发现已经错过了往

常的推送时间。阿哲赶紧把内容穿插进去，慌忙之中，没顾得上仔细检查错别字。群发之后，不少读者在后台纠正错别字，非常尴尬。

领导的批评声不时地回荡在阿哲耳边，内心的自责与愧疚更是让他面红耳赤。回想这件事，阿哲也挺后悔的：要是自己不过分纠结那些不必要的细节，先把重要的文字和图片放上去、检查好了再去完善其他细节，错字百出的问题就可以避免了。

事实上，阿哲已经不是第一次犯这样的错误了。他总想把事情做到最好，得到周围人的一致好评，却忽略了每个项目都有时限。他认为费尽心思打磨的过程是精益求精，可在同事和领导看来，他却成了做事拖拉、效率低下的"拖后腿员工"。

☑ 完美主义与拖延症

美国芝加哥德保尔大学心理系副教授拉里说："某些拖延行为其实并不是拖延者缺乏能力或努力不够，而是某种形式上的完美主义倾向或求全观念使得他们不肯行动，导致最后的拖延。他们总在说：'多给我一点时间，我能做得更好。'"

如果一个人总想着万事俱备后再开始，过分纠结不必要的细节，希冀着把事情做到无可挑剔，那么结果往往是——要么长时间处于准备阶段，要么迟迟无法完成手中之事。这种类型的拖延者，就是被完美主义心态束缚了，对自己的期望很高，而这种期望又不切实际。

完美主义不都是消极的，有"适应型"与"适应不良型"之分。

适应型的完美主义者，对自己的期望很高，虽然追求完美，但不会忘记尊重现实，他们相信自己有能力实现这份"完美"，并不断地为之努力。最终，他们也真的走上了成功之路。

适应不良型的完美主义者，对自己的期望也很高，可这种期望是不切实际的。说白了，连他们自己都不确信能否实现内心的期望。在期望的同时，他们也会为这份期望懊恼，极力逃避"期望难以实现"的事实。拖延，恰恰就是他们逃避的途径。

☑ 克服适应不良型完美主义的4个要点

· 要点1：杜绝"万事俱备再行动"

每一项挑战都会带来困难和变化，正所谓"计划赶不上变化"。即便这一刻考虑得很周全，计划十分缜密，也无法准确预测最后的解决方案。在执行的过程中，难免会有意外发生。与其设想"万事俱备"，不如做好迎接困难的心理准备，大胆地投入行动中。

·要点2：行动的过程中不断修正方案

没有人可以在行动之前解决掉所有的问题，理性的、高效率的工作者，通常都是在行动的过程中不断地修正方案，遇到麻烦便根据实际情况，积极地想办法解决。

·要点3：提醒自己不完美也没关系

当你力求完美，用拖延来延缓焦虑的时候；当你钻牛角尖，为某些瑕疵纠结的时候；当你对某件事物感到恐惧和不自信的时候；当你萌生了贪婪、嫉妒的情绪的时候……都可以提醒自己说："没关系，没有谁是完美的。"当你承认了不完美是常态，接纳了那个有缺陷的自己时，心里就不会再有拧巴的感觉了。

·要点4：不必过分强调细枝末节

细节固然重要，但整体意识更重要。执行一项清单待办任务时，要在完成的基础上，再去修正和完善；要先有轮廓和框架，再思考具体的内容。切忌为了追求某种形式上的完美，把时间和精力耗费在细碎的小问题上，最终导致做了一堆"无用功"。

万物有裂痕，光从痕中生，我们都要学会与不完美和解。

06 情绪清单之——我是如此焦虑不安

> 越拖延越焦虑，
>
> 越焦虑越拖延。

羡慕别人身材好，却丢不掉手里的高热量零食，减肥清单计划一拖再拖；希望自己能在职场上游刃有余，却在下班后抱着手机刷抖音，而没有动力去看书充电；知道有一堆事情要做，时间很紧张，却还是坐在椅子上想再等一会儿；知道熬夜对身体不好，也担心日久成疾，却还是忍不住多开一局游戏……我们都因拖延而焦虑，却又在焦虑中拖延。

焦虑，就是指对各种选择呈现出迷茫、不知所措的状态。有人把它比喻成鞋里的沙子，不及时把它处理掉，就算是小小的一粒沙，也会让人心烦意乱。在焦虑的状态下，大脑很容易失去理智的判断，很难静下心来去做一件事。结果，就会导致拖延。

在拖延的过程中，我们也知道有些待办事项是需要做的，有些问题是需要处理的，但迟迟没有做出行动和改变，又会加剧焦虑。很多人正处在这样的状态下，客观现实迫使着自己要改变，要脱离困境，实现自我价值；可主观上却又感到无能为力，经常陷入自我哀叹、自我放逐之中，越陷越深。

☑ 减缓焦虑的3个方法

心理学家认为，"不确定"与"焦虑"关系甚密。当我们面对未知的、不确定的情形时，会产生一种不在掌控之中的不安全感。不确定性越大，焦虑程度就越高，拖延的情况也会越严重。从这个层面来说，要解决拖延的现象，先得减缓焦虑情绪，协助自己找回掌控感。

·方法1：利用运动与正念调节植物神经

运动的好处在于，可以增加大脑的多巴胺与内啡肽分泌，让人获得平静与放松。比如，瑜伽、慢跑、游泳，都能够增加大脑中积极情绪的回路，从植物神经方面帮助我们调节恐惧情绪。除了日常的运动外，正念也是一种广受推崇的缓解焦虑的方法。

所谓正念，就是有目的的、此时此刻的、不评判的注意带来的觉察。相关研究显示，进行两周以上的正念，能够增加个体内心的平静感，改善睡眠质量；进行八周的正念，对人脑部的功能有显著的改变，被试者负责注意力与综合情绪的皮层变厚，与恐惧、焦虑相关的杏仁核区域脑灰质变薄。

·方法2：清晰地描述令自己焦虑的东西

假如你的清单上有这样一项任务：为营销部的员工试讲一个课题。

这是领导安排给你的任务，不能推辞，而你对此感到特别焦虑，一直在找借口把执行往后拖。遇到这样的情况，不妨尝试用具体化的方式描述一下具体的情形：

课程在什么时间、什么地点举行？有哪些人参加？

我要讲的是什么课题？为什么要讲这个课题？

我在哪一刻感到焦虑？我想到了什么？又做了什么？

在描述的过程中，你会对整个事件进行反思和觉察，厘清头脑中的思绪，看清整个事件的全貌和细节，并感知到自己的情绪。当我们对自己焦虑、恐惧的东西变得了解和熟悉时，会觉得更有控制感，从而缓解焦虑。

·方法3：不排斥和抗拒焦虑的情绪

克里斯托弗·肯·吉莫在《不与自己对抗，你就会更强大》一书中讲道："每个人都会遭到两支箭的攻击：第一支箭是外界射向你的，它就是我们经常遇到的困难和挫折本身；第二支箭是自己射向自己的，它就是因困难和挫折而产生的负面情绪。第一支箭对我们的伤害并不大，仅仅是外伤而已；第二支箭则会深入内心，给我们造成内伤，我们越是挣扎，越是想摆脱它的困扰，这支箭就会在我们的心中陷得越深。"

负面情绪是生命的一部分，真的没有必要厌恶和抗拒。情绪从来没有好坏之分，让你痛苦的不是焦虑本身，而是你对它的抵抗。当焦虑来袭时，不妨放下评判和自责，和不舒服的感受待在一起，认真地去看看，焦虑到底想要带给你什么讯息。

> 过去，陈菲在面对一项棘手的工作任务时，总是备受煎熬，一方面惦记着这件事，另一方面却拖着不肯动。现在，面对这样的情形，她会对自己说："我现在有些焦虑，害怕自己没办法把这件事做好，心口一阵阵地缩紧……不过，对于任何人来说，接受挑战都是一件不容易的事，我会有这样的反应也很正常，我得允许自己有一个适应的过程……"这样想问题的时候，陈菲就会感觉舒服很多，内心也会慢慢平静下来，思考该从哪里着手来解决问题。

当焦虑来临时，为它留出一点空间，让它暂时待在那里，直到你想清楚它出现的原因，以及你要如何解决现实问题。当然，不用强迫自己喜欢它，只要允许它的出现，接受它的暂时存在，就已经很好了。

07 情绪清单之——
我不喜欢这项任务

当一项任务令人感到厌恶，

且做起来很困难时，

我们会更倾向于推迟行动。

菲儿上周的待办事项清单中，有一项任务是修改稿件，但她拖延了。

那是编辑上周一返回的稿件，菲儿粗略地过了一遍，发现里面有几处需要补充内容，还有一个案例要修订。按理说，这项任务是很重要的，且时间上也该抓紧，可菲儿却对修订稿件的事项闹了情绪。即便如此，菲儿还是回应编辑说："好，我尽快处理。"

与编辑沟通完之后，菲儿就关闭了修订稿的文档，心里有个声音告诉她："先搁着吧，回头再说。"菲儿在本周清单上添加了这项任务，但她并没有想好什么时间来处理这项任务，甚至连一丁点儿处理它的想法都没有！

这样一搁置，就到了周日。

周日早上，菲儿洗漱完毕吃过早饭后，顺势倒在了沙发上，开始拿起手机刷公众号里的文章。按照平时的习惯，她在这个时间段是不会看手机的，因为上午的状态比较好，充分利用起来能看完半本书，小憩都放在中午。可是那天，她却浑身犯懒，怎么也不想动。

身体在休息，脑海里却有两个小人在吵架。一个小人说："好累！好想休息！"另一个小人说："吃也吃了，喝也喝了，该去修改稿子了！"这种无声的纠结和斗争，持续了1小时，菲儿看着钟表的指针变化，内心涌起了慌张与焦虑。

半躺在沙发上的菲儿扪心自问：为什么我会这样？很快，她心里就涌现出了答案：近两年的工作中，自己很少遇到返修稿子的情况。喜欢一气呵成的菲儿，打心眼里不喜欢改稿，也就不想去做。可她也知道，这件事不得不做，所以就选择了拖延。

当我们很想看一本书，或是急需从书中获得某些信息时，拿到书后肯定会迫不及待地去读，而不是搁置到书架上，跟自己说"有空再看"；当我们特别想见一个人时，再忙再远也会去赴约，压抑在内心的想念和千言万语，让我们迫切地想要诉说……反之，面对不想看的书、不想见的人，势必会有一种抵触的心理，潜意识是不会撒谎的，它会迫使我们用拖延的方式传递真实的感受。

☑ 鸵鸟效应

从心理学上讲，这种逃避现实的行为被称为"鸵鸟效应"，就像鸵鸟那样，在遇到危险的时候，会把头埋进沙子里，以为自己看不见就是安全了。人，为了躲避不喜欢的事情，明明知道问题必须得解决，也常常会采取刻意回避的态度，而拖延就是这一态度的外在表现。

我们都知道，生活不可能处处都遂人愿，更不可能只选择去做喜欢的事，排除所有不喜欢的、不想做的事，这是不切实际的幻想。生活很现实，也要求我们用理性的眼光和思维看待事物，不能只从"喜恶"的角度出发，还要考量"利弊"。对我们有益且必须做的事，就算不喜欢，也要尽量把它做好；对我们有弊的事，哪怕再喜欢，也得学会克制。

☑ 诱惑捆绑

面对一件自己很讨厌且能力不足以轻松应对的事，有什么办法可以提升行动意愿呢？

宾夕法尼亚大学的凯瑟琳·米尔科曼教授提出了一个方法：诱惑捆绑！把一个自己并不享受却能带来长远利益的行为，和一个让自己此刻能感到快乐的行为绑定在一起：只有在做那件你想要拖延的事情时，才能做那件你喜欢的事。

假如你不喜欢运动，却又想获得健康的身体，那么你不妨把运动和自己喜欢听的音乐绑定在一起，并规定只能在运动时听这些歌单。这种绑定可以是灵活多变的，关键在于用诱惑对抗阻力，只要这个诱惑有足够的吸引力，就能在克服拖延上发挥一定的效用。

特别要注意的是，捆绑在一起的两件事，必须是能够互补甚至是相互促进的。

如果一项工作需要专注，那么另一项事务也不能太分心，因为我们很难一边写作一边听书，要是一边收拾家务一边听书，却是可行的。

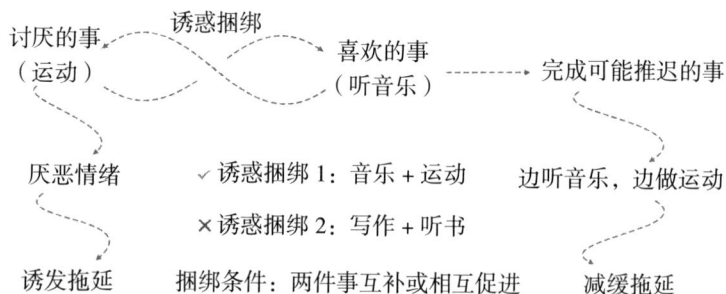

讨厌的事　　诱惑捆绑　　喜欢的事
（运动）　　　　　　　（听音乐）　　　　完成可能推迟的事

厌恶情绪　　✓诱惑捆绑 1：音乐 + 运动　　边听音乐，边做运动
　　　　　　×诱惑捆绑 2：写作 + 听书

诱发拖延　　捆绑条件：两件事互补或相互促进　　减缓拖延

08 情绪清单之——
我不敢直言不满

> 无论是主动攻击还是被动攻击，
>
> 都是无法很好地释放与转换攻击性的表现，
>
> 要学会为内心的不满找一条相对直接的表达途径。

安浦由于重度拖延的问题，已经读了九年博士还未能毕业。他牺牲了所有娱乐的时间，熬夜改论文，做实验前的准备，看起来似乎一直都在努力。实际上呢？他从三年前就在改文章，说要补充数据，可是三年过后，进度依旧是老样子，实验也没能真正开始。

经过深入了解，才知道安浦的拖延与其内心的情绪紧密相关。他对自己的导师充满了愤怒，导师压着他的文章不让发表，科研上没有做具体的指导，只是一味地批评他、否定他。有两位博士师弟，由于难以忍受导师的作为直接选择了退学，而另一位师姐因为对导师不满闹到学校，换了其他导师一年后就发表了文章，顺利毕业。

老实的安浦不敢表达对导师的不满，也承受不了退学的代价，他能做的只有——拿出看似积极的态度，通过做各种其他事情来拖延自己真正需要面对的问题。每次导师找他，他都在"忙"，但这种勤奋只是战术层面的，只是为了掩盖战略上的拖延，做的全是无用功。

☑ 被动攻击

现实中有一些人，从来不会与他人正面交锋，也不会在对方发火时用言语回击，但这并不代表他们内心没有愤怒，只是他们会选择用迂回的方式表达自己的不满。

身处在权力等级的关系中，安浦不便直接与自己的导师抗衡。在这样的处境下，拖延就成了他表达愤怒和抗议的一种手段。安浦的这种做法，在心理学上被称为"被动攻击"。

被动攻击，也叫作隐形攻击，即用消极的、恶劣的、隐蔽的方式发泄愤怒情绪，以此来攻击令自己不满的人或事。被动攻击的表现形式有很多，如：表面听取意见、表示服从，私下却用不配合、随意敷衍、拖延等方式阻碍工作的正常进行；在他人做出成绩、表现出色时，不给予赞赏和表扬，反而鸡蛋里挑骨头；经常性地不遵守时间规定；很简单、很容易兑现的承诺，却总是失信于人。

人之所以会选择被动攻击，原因是多样的。

通常情况下，被动攻击的发起者在权力和地位方面不占优势，他们害怕发生正面冲突，因而不敢或不愿违背对方的要求，只好在表面上呈现出顺从的姿态。但是，他们内心的抗拒是真实存在的，这份不满和压抑也需要释放，而释放的形式就是在背地里进行破坏性的工作。

有些人在成长过程中，受家庭观念的影响，不被允许表达负面情绪，否则的话就会招来惩罚或批评。这就限制了一个人愤怒情绪的表达，将来走向社会后，他就容易倾向于用被动攻击的方式来表达不满。

☑ 被动攻击型拖延者的自助方法

被动攻击的倾向是一种不成熟的自我防御，以不合作、拖延的方式表达不满和愤怒，无法让他人了解你的感受，之后对方还会继续以同样的方式对待你。更糟糕的是，这种被动攻击还可能会破坏彼此的关系，如长时间不回复消息、拖延完成任务，会让对方沮丧又愤怒。

那么，怎样才能减少用被动攻击的方式处理问题呢？

·方法1：识别自己是否有被动攻击的倾向

被动攻击的模式，主要有以下几种：

1.否认愤怒——我没事儿。

2.逃避责任——我以为是××负责的呢！

3.忘记重要的事——不好意思，我忘了。

4.故意降低效率——我做统计了，但没想到你是要近半年的。

5.口头顺从，行为推迟——我看完这场比赛就去洗碗。

6.停止交流，拒绝沟通——你说得对，就听你的。

可能之前你出现过类似的情况，但没有意识到这是被动攻击的信号，它是在提醒你内心对某人或某事存在不满，你需要重视自己的感受。

·方法2：为你的不满找一条相对直接的表达途径

无论是主动攻击还是被动攻击，都是无法很好地释放和转化攻击性的表现，我们要学会为不满找一条相对直接的表达途径。

这里说的"相对直接"，不是恶语伤人的反击，而是用平和的态度，坦诚地表达出自己的感受、想法和态度。心理学研究证实，当我们能够坦诚地表露自己的感受时，不但不会损害关系，反而还会促进彼此的情谊。

·方法3：思考愤怒的根源，深入地了解自己

威斯康星大学绿湾分校心理学博士瑞安·马丁，长期致

力于对愤怒的研究。他在演讲中提到：愤怒这种情绪不是一个"问题"，而是一种提醒。

当我们愤怒时，要思考一下，到底是什么让自己如此生气？是对方强势的态度，对自己的不尊重，还是其他问题？无论是哪一种，当我们能够正视愤怒时，就对自己有了更深入的了解。

第 **6** 章

效率革命

CHAPTER 6

——优化工作流程，时刻处理最重要的事

01 用清单规划工作，效率是整理出来的

> 清单有助于对工作进行合理的安排，
>
> 用最短的时间完成最多的要事。

如果人是一条船的话，那么在人生的海洋中，约有95%的船都是无舵船。他们漫无目的地漂着，在起伏变化的风浪海潮面前不知所措，只能任其摆布，随波逐流。结果，要么触岩，要么撞礁，要么以沉没终结。

剩余那5%的人，他们有方向和目标，研究了最佳航线，掌握了航海技术。从此岸到彼岸，从此港到彼港，按部就班、有条不紊地进行着。那些无舵船一辈子航行的距离，他们只需两三年就能达到。如同现实中的船长一样，他们知道航船的目的，知道将要通行或停泊的下一处港口；就算是一次探险航行，也有把握去应对突发的状况。

美国时间管理之父阿兰·拉金说过："一个人做事缺乏计划，就等于计划着失败。有些人每天早上预定好一天的工作，然后照此实行。他们是有效地利用时间的人。而那些平时毫无计划，靠遇事现打主意过日子的人，只有'混乱'二字。"

想要提升做事的效率，就要学会利用清单来规划自己的工作。清单可以帮助我们对工作进行合理的安排，用最短的时间完成最多的要事，为自己赢得更多可以自由支配的时间。

维克托·米尔克是世界知名企业现代食品公司纽约城推销中心的技术总监，他的工作直接或间接受到5000名雇员中3000多人的影响。为此，他总是忙得一塌糊涂。有一回，在纽约举行的工作研讨会上，他谈到了自己的一些心得体会：

"现在我不再加班工作了。我每周工作50~55小时的日子已经一去不复返，也不用把工作带回家做了。我在较少的时间里做完了更多的工作。按保守的说法，我每天完成与过去同样的任务还能节余1小时。我使用的最重要的方法就是，制订每天的工作规划。

"现在我根据各种事情的重要性安排工作顺序。首先完成第一号事项，然后再去进行第二号事项。过去则不是这样，我那时往往将重要事项延到有空的时候去做。我没有认识到次要的事竟占用了我的全部时间。现在我把次要事项都放在最后处理，即使这些事情完不成我也不用担忧。我感到非常满意，同时，我能够按时下班不会心中感到不安。"

这就是工作清单带来的益处，让我们高效地完成重要的工作，少走很多弯路。

有一位老教授，他每天都工作到下午六点钟，晚上出去散步，回来以后就写第二天的工作安排。他说自己每天的工作量是一般人的三倍左右，但是比一般人更悠闲，原因就是：多数人一天忙忙碌碌却没有计划性，回想起来一天似乎什么都没有干好；另外就是，多数人选择太多，所以太忙，今天想做这个，明天想做那个，总是觉得属于自己的东西太多。其实，把重要的事情列成清单，选择少一点，活得会更充实。

☑ 如何为工作制订清单？

我们该怎样为自己的工作制订清单呢？这里有几条实用的建议，可供参考：

·建议1：每天清晨列出一天的任务清单

每天早上或前一天晚上，把一天要做的事情列出清单，其中包括公事和私事。在一天工作过程中，要经常进行查阅，如开会前10分钟，查看一下清单计划表，若还有一封邮件要处理的话，完全可以利用这段时间完成。当你做完清单上面所有的事情时，最好再检查一遍，通过检查确认都已经做好，你会体会到一种成就感。

·建议2：把即将要做的工作也列入清单

完成计划的工作后，把接下来要做的事情也记录在每日的清单上，如果清单上的内容已经满了，或是某项工作可以改天再做，也可以将其算作明天或后天的任务。有些人经常是想着做一些事，结果却没有做，这与没有将其列入清单有一定的关系。

·建议3：对当日未完成的工作重新安排

有了每日的工作计划，也加入了当天要完成的新任务，那么对于一天中没有完成的那些任务，要怎么处理呢？如果事情很重要，且难度较大，顺延到第二天是没问题的；如果事情没那么重要，可以与相关人员讲清楚未完成的原因。当然，今日事今日毕是最好的，偶尔顺延一次无妨，次数多了，就又回到了拖延的状态。

总之，工作清单对于一个追求高效的职场人来说是必不可少的，它能让我们做事更加便利。当我们学会了安排工作事项，让工作的时间得到最大程度的利用，就会逐渐发现，自己解决问题的能力和效率都在提升。

02 对多项工作任务
进行合理的排序

> 同样的任务按不同的顺序做，
>
> 效果和结果大不相同。

很多拖延者做事特别随性，想到哪件事就做哪件事，不想做了就放下，再去忙活其他的。结果，重要的事拖到了最后才想起来做，中途忙活的工作也没什么起色，忙来忙去落得一场空。列清单可以有效地避免瞎忙的问题，但在处理日清单任务时，也不能太过随性，一定要对当日待处理的多项任务进行科学合理的排序，做事有先有后，是保证高效的重要前提。

> 小月负责某公司办公室的内勤工作，她已经入职近一年了，可依然觉得"不顺手"，时常出岔子。上周四，她的工作计划上罗列着一天要做的任务清单：
>
> ○ 做出下个季度的部门工作计划，第二天上交给老板。
>
> ○ 约见一位重要的客户。
>
> ○ 上午11点半到机场接机，是五年未见的同

学，将其送到酒店。

○ 去一趟医院，开过敏症的药物。

○ 到银行办理一些业务。

○ 下班后与爱人一起吃饭，庆祝纪念日。

要做的事情就这些，但执行的过程并不顺利。小月前一天睡得有些晚，早晨起床迟了半小时，匆匆忙忙地打车到单位，却还是迟到了。刚进办公室，就接到老板的电话，提醒她第二天必须交计划书。小月打开电脑，上网查看自己的信箱，逐一回复客户和公司的邮件，不停地打电话答复分公司的问询。最后一个电话结束时，已经11点了。

她向上司请了一会儿假，匆忙地赶到机场，还好只过了十分钟，想打电话告诉同学的时候，才发现对方早上登机前已发过来短信，说飞机晚点了。中午12点钟见到同学，小月送对方到酒店，一起吃了午饭。这顿饭吃得并不踏实，小月心里想着14：50要见客户，所以一边吃饭一边跟客户约定地点。14：00的时候，她跟同学告别，赶到约定地点。由于花粉过敏，她在跟客户约见的时候不停地打喷嚏，连声道歉，弄得很尴尬。

回到公司，刚坐到工位上，想写一下计划书，银行打电话来催。赶到银行时，突然被告知需要加一份文件，气急败坏的她跟银行工作人员理论了半天，又回到公司。办完了银行的业务后，临近下班只有1小时了。她觉得很累，没心思再写那份计划书。

下班后，小月跟爱人一起去餐厅吃晚饭，可是整个人的状态很不好，连连打哈欠。回到家后，爱人休息了，她冲了一杯咖啡，坐在电脑前，赶着那份重要的计划书。

小月的工作经常会陷入这样的状态中，忙忙碌碌，火急火燎，却总是干不完活。她经常会跟家人朋友抱怨，说工作太辛苦，做内勤要处理很多的杂事。

其实，小月要处理的工作任务并不复杂，如果她在执行日工作清单时，对任务的顺序进行合理安排，就可以最大限度地避免混乱和狼狈。

在面对日任务清单的时候，小月完全可以按照下面的顺序来安排：

1.前一天晚上睡前，查看第二天要执行的清单任务，做到心中有数，定好闹铃。

2.准时起床上班，先给各分公司打电话，请他们把相关的材料通过电子邮件发过来，且告知上午有事不能接受询问，下午会给予答复。之后，给客户打电话约定时间、地点，且将地点安排在同学预订酒楼的咖啡店里，再给机场打电话，确定班机到达时间。

3.给银行打电话，确认需要的相关手续和材料。

4.打完电话后，抓紧写工作计划，排除一切工作干扰，争取11点前交给老板。

5.中午11点前离开公司，拿上到银行的一切资料。利用飞机晚点的半小时，到医院开花粉过敏症的药。从医院出来，到机场接机，和同学好好享受午餐时光，而后到旁边的咖啡店和客户谈事情。

6.到银行办完手续后，回公司将上午各分公司的事务处理完毕。17:50，到洗手间补一下妆，准备下班约会吃晚餐。

同样的工作任务，换一种顺序来做，就从焦头烂额变成了从容淡定，还能给自己留出不少的休闲时间。所以，在处理多项工作任务时，一定要根据事务的规律、性质和彼此之间的联系，对清单任务进行科学排序，这样能够有效地节省时间、提升效率。

03 同一时间，集中精力处理一项要务

同一时间只处理一项要事，

是解决工作不断被迫中断而变得效率低下的良方。

清单思维在工作中极其重要，哪怕是专业能力很强或富有创造力的人，如果没有清单思维，也可能会像"热锅上的蚂蚁"。正因为此，我们才需要一张工作清单，把每天、每周要做的事情列出来，遵循先重后轻、先紧后松、先急后缓的原则，科学地进行排序。

那么，是不是有了这样一份清单，就万无一失了呢？很遗憾，情况似乎没有这么乐观，因为总有一些"计划外"的事件让工作清单陷入被动的境地，让我们不自觉地开启多任务处理的模式。同时处理多件事，会导致注意力不自觉地发生偏移，无法集中到要做的事情上。在这个过程中，注意力的整体消耗很大，但效果并不理想。

神经学家发现：人的大脑通过语言通道、视觉通道、听觉通道、嗅觉通道等来处理不同的信息。每一种通道，每次只能处理一定量的信息，超过了这个限度，大脑的反应能力就会

下降，非常容易出错。大量的事实证明：习惯分散精力同时处理多项事务的人，最后平均花在每件工作上的时间，要比集中精力去处理这件工作的时间，多出20%以上！

大脑的资源有限，同时间处理不同的事情，资源的消耗会加速，影响我们的精神状态和工作效率。要摆脱拖延症、告别低效能，就必须学会在同一时间范围内减少大脑里装载的东西，让大脑更好地按照特定的秩序去处理问题。

☑ 同一时间只处理最重要的一件事

针对这样的情况，我们要作出的改变是——停止多任务并行，不要让大脑从这件事到另一件事来回地跳跃，更不要试图在同一时间做很多的事；要保证在同一时间内，集中全部的精力，处理最重要的一件事！

那么，如何做到同一时间，只专注于一项要务呢？全球时间管理术第一人里奥·巴伯塔，曾经提出过一些有效的建议，我们可以适当地借鉴和运用。

·建议1：要务第一

每天早上的第一件事，就是做自己心中的头等要务。在做完这件事之前，别的事都不要做。完成后，短暂休息一下，再开始做下一件"头等要务"。如果一个上午，能够完成两到三项重要的任务，剩下的时间，就算是额外收获了。

·建议2：暂缓处理临时任务

如果中途有其他的事项插进来，可以把它放进收件箱，或者记在笔记本上，然后回到手头的工作上来，不要被它牵着走。

·建议3：必须中断时做好标记

有时，中间插进来的任务是非常紧急的，不能等做完手头的工作再处理。遇到这样的情况，要把手头的工作做好标记，知道进行到哪个阶段，把所有相关的文件和记录放在一起，装进文件袋，暂搁在一旁；或者建立名为"处理中"的文件夹。当你重拾这项任务时，可以拿出文件袋，或打开文件夹，看看自己的记录，从中断的地方做起。

·建议4：完成一件事后做整理

完成手头的任务后，要做一下整理工作，如清理电子邮件等。同时，还要把新任务（临时的任务）加进日待办清单，然后重新进行日程安排。

·建议5：学会短暂地停息

如果你特别想查看邮件，或者做其他的事，可以让自己暂停片刻。做几次深呼吸，调整好心态，重新回到手头的工作上来。

在即时通信时代，海量的信息会不时地袭来，如果不知道如何处理多项任务，跟着状况走，很容易拖延重要的任务。同一时间保证只处理一项重要的任务，既是一种能力，也是一种方法。只有这样，才能在混乱的环境中，摆脱惶恐和焦躁，按照自己的节奏，有条不紊地把多项任务处理好。

04 应对工作干扰，要采取主动的姿态

规定自己不受打扰的时间和情况，

让他人知道你的工作方式和界限。

工作从来都不是"一个人的事"，分工协作、沟通洽谈必不可少。只不过，不是所有的沟通都发生在恰当的时候，总有些不速之客、意外的干扰，在我们毫无准备时突然降临，打乱我们正在执行的清单计划。

> 孙琦在一家公司担任业务经理，新来的实习助理动不动就来敲他的门，一会儿请示，一会儿报告，不知道是因为不熟悉工作流程，不敢擅自作决定，还是只想多露露脸，让孙琦这位领导知道她在认真工作。
>
> 没过一个月，孙琦就忍不住了。他找到人事部，提出对这位实习助理的意见：要么解雇，要么调岗。她的工作方式，已经严重打扰了孙琦的工作计划和时间安排。有时，招商会的课题正做到一

半，思路就被打断了；刚闪现一个不错的思路，突如其来的敲门声，直接就把这点儿灵感淹没了。

几乎每一个职场人都遇到过和孙琦一样的烦恼，自己正按部就班地做事，忽然空降了一个紧急事件；刚找到一点工作思路，下属又跑过来汇报工作……每天还有各种临时会、电话、邮件、没有预约的客人、无端的申诉、同事之间的闲聊，以及网络上的各种信息，把正常的思绪搅成了一团乱麻，工作效率大打折扣！

日本学者对于时间浪费进行过一次调查，结果如下：

○ 人们通常每8分钟会受到一次打扰，每小时大约7次，每天50到60次；平均每次打扰的时间约5分钟，每天被打扰的时间约为4小时。

○ 在被打扰的时间中，有3小时的打扰是没有意义和价值的。在被打扰后，要重拾原来的思路，至少需要3分钟，每天至少要花费2.5小时做这件事。

○ 每天因打扰而产生的时间损失大约是5.5小时，如果按照8小时工作制算，占据了工作时间的68.75%。

多么可怕的数据！面对频繁被打扰的现实，许多人把矛头指向了外界，认为一切错误都在于那些"不速之客"。有这样的情绪可以理解，但回归到现实层面，我们不得不承认：这个世界上不存在完全没有干扰的环境，我们也没有资格和权利限制所有人的言行举止。

☑ 应对打扰的关键是主动出击

在应对打扰这一问题上，不要指望他人主动适应你的节奏和安排，而是要回归到自我管理上。你要做的是主动出击，让别人知道你是怎样的人，你有怎样的目标和计划，你有怎样的做事原则和底线；同时针对不同的干扰来源，选择相应的解决策略。

·策略1：提前设置不被打扰的时间段

每天设置一个不被打扰的时间段，或是不受打扰的情况（如写作、制作PPT时），让别人知晓你的工作方式，知道你的原则与界限。在这一时间段，你可以把手机调成静音，关闭网络通信工具，不安排客户洽谈等事宜。

·策略2：有选择性、有技巧地接听电话

不要一有电话就接，你要相信，在一定时间不接电话或少接电话，天不会塌下来。你可以设置留言电话，既能兼顾业务，也便于自己集中精力做事。然后，再设置一个专门回复电话的时间，统一处理。在可接听电话的时段，少说无关的话

题，回答的语言尽量简洁。

·策略3：学会善意、婉转地拒绝他人

总是被他人的请求临时打断工作时，不要碍于情面不去拒绝，那样的话，你可能要额外付出很多时间来处理别人的问题，最终影响自己的工作。面对这些请求，要学会善意、婉转地拒绝，这意味着你了解自己的目标，知道什么事情对自己而言是最重要的。

·策略4：设置查看社交媒体的时间与频次

社交媒体的诱惑力不可小觑，QQ、微信、微博、抖音、头条、小红书……随便打开哪一个都能刷上20分钟，要是自己发了一条动态，还总忍不住去看一看点赞的通知和评论。就像对待智能手机和邮件一样，我们也需要设定查看社交媒体的时间和频次，其余的时间段，将所有通知都关闭，专注于自己的工作任务。

05 不让相似或相同的
错误反复出现

自我反省让我们了解自己的缺点并改正，

从而减少工作上的失误。

工作中犯错，这几乎是不可避免的，毕竟在极端复杂的世界里，人的认知是有限的，我们都可能会因为不清楚流程、缺乏足够的专业知识而犯下一些错误。犯错并不可怕，可怕的是当错误发生后，没有及时总结，从中汲取教训。

我们都听过一句话："事不过三。"偶尔犯一次错是情有可原的，可当相似或相同的错误反反复复地出现，就不值得原谅了，而是要进行深刻的反省：为什么会在同一个地方摔多个跟头？有什么办法可以避免这样的情况再次出现？

其实，这个问题是有解的。如果我们在犯错之后，把形成错误的全部因素列成一个"反省清单"，就可以汲取教训，用它来警醒自己。"反省清单"没有标准的模板，每个人的情况都不一样，思维方式也不同，因而总结出的错误因素也存在差异。

在这里，我仅以自己列的一份"反省清单"作为示例，给大家提供一个参考。在实际操作时，你可以结合自身的情况，制订专属于自己的"反省清单"。

☑ 反省1：不能凭感觉行事，要对事物有全面的认识

我曾经协助某美容业老板整理过有关"美容业经营"的定制内容。坦白说，我对这个行业并不是特别了解，但能够理解客户想要呈现的东西。于是，我凭借自己的经验和感觉，拟定了一份内容框架。结果，客户告诉我：这是上一个美容业时代的东西了，就现在的市场而言，已经不太适用了。之所以要做这样的内容，就是为了提醒很多业内人士，经营要与时俱进。

之后，我系统地学习了一下美容业的发展史、现状，以及现代商业的经营理念等，又听了几场这位老板亲自演讲的课程……从更宽阔的视角去审视这个选题，我果然理解得更透彻了。接着，我重新拟定了一个框架，结合当下的商业环境，从美容业的发展形势、战略规划、组织架构、营销方式等几

个方面，做了一个详尽的阐述，赢得了客户的认可。

透过这件事，我意识到：想要做好一件事，必须先对这件事有一个全面的认识，而不是在一知半解、似懂非懂的状态下，凭感觉行事。那样的话，多半会出问题。

☑ 反省2：安排时间要合理，不过分追求速度

这是一个追求效率的时代：老板希望第二天早上醒来所有的产品都卖光，客户希望上午交代的任务下午就能出结果……心情可以理解，但过分追求快，就可能会制订出不合理的工作周期，导致没有办法保质保量地完成任务，要么敷衍了事，要么犯了错误。

我也经历过这样的状况，答应对方一周可以赶制出方案，可项目的实际难度，比想象中要大得多。最后，我不得不跟对方协商，再延长一下周期。这件事也提醒了我，在为新项目做规划时，一定要优先考虑周期的合理性，把每个阶段都进行详细划分、仔细验证、评估计划是否可靠，留出应对变化的余地。

☑ 反省3：越是紧急时刻越不能急，慌忙容易出差错

有句话说："事情不能急，一急就犯错。"

有一次，我着急去上课，结果路上稍微有点堵车。车行驶到一个地铁站的时候，我着急忙慌地下了车，希望借助地铁来节省一些时间。结果，地铁站的人也不少，眼见着一辆列车就快挤不上去了，我还是一边收拾着耳机线，一边往地铁上跑。

终于，我挤上车了。但我忽然觉得，有点儿不对劲：我的手机呢？列车往前开着，到下一站，我下车了，联系地铁的工作人员……其实，我自己很清楚，找回来的概率太小了。可我是刷地铁进站的，且身无分文，也没办法联系家里人，甚至是一起上课的伙伴。

折腾了整整一上午，我才处理完这场"丢手机风波"。如果那天，我提前看看路况，直接选择地铁，就不用中途倒车了；或者，我耐心多等一分钟，不去着急忙慌地挤那趟地铁，检查好自己携带的物品，也不至于浪费了半天的时间，还赔进去一部新买的手机。

上述的三点错误因素，是我结合自己的实际情况所做的总结。每次遇到工作或生活中的问题时，我都会用这份反省清单警示自己：不要再犯相同的错误。

反省清单是需要定期删减和补充的，当我们借助反省清单改掉了旧有的问题时，再次遇到类似情况就会自动地展开思考，降低犯相同错误的概率。与此同时，我们也会遇到新的问题，犯新的错误，此时就要做相应的补充，提醒自己有哪些全新的问题需要刻意规避，慢慢养成全新的、正确的思维习惯和行为习惯。

06　把清单思维
　　　运用到团队管理中

在细枝末节的问题上耗费的精力越多，

管理的成本就越高。

　　岑君是我的合作伙伴，三年前离职后，开始自主创业。

　　之前，岑君在公司负责印制工作，如今轮到自己管理一家文化公司，真是把她忙得一塌糊涂。尤其是创业的第一年，每次通电话，我都要听她诉苦。

　　岑君性格直率，做事雷厉风行，总想尽最大努力多做一些事，让公司能更好地盈利。可再怎么努力，时间是有限的，她也不是"超人"。我问她，问题是不是出在授权方面？她说，自己在授权方面做得还可以，只是参与了一些部门的管理而已，可就是觉得精力不够用。

　　从规模上来说，岑君的公司并不算太大，我见过同时经营两三家企业的管理者，并没有像岑君这样，把自己弄得心力交瘁。后来，我跟岑君深入地探讨了一次，最后达成的共识就是：缺乏管理经验，没有把精力用在关键决策上，而是在细节管理上消耗过多。

其实，不只是普通员工在工作方面需要清单思维，管理者更是需要。

有位企业总裁在谈到清单管理时说道："管理者把清单思维践行到实际的工作中，就等于免费请了一位尽职尽责24小时不休息的秘书，它可以确保那些看似简单却非常重要的步骤，以及所有的工作事项不会被遗漏。无论你的秘书忘记了什么，清单都能够及时提醒你，告诉你接下来要做什么事。清单是我们管理企业的最佳方法，能解决瞬息万变的问题，因为它几乎洞察一切。"

清单管理具有全面提醒、细节提醒等简单实用的功能，早在20世纪60年代，就被推广到项目管理、人力资源管理等领域，且渗透到企业管理的各个层面。清单可以协助管理者记录工作、分析团队计划、管理授权。所以，高明的管理者会制订不同的清单，如授权清单、计划清单、任务分配清单等，每一份清单都有其独特性，犹如一个优质的"秘书"。

☑ 管理清单

对管理者而言，在使用管理清单之前，必须先搞清楚一件事：管理的核心是什么？

管理，究竟是管人，还是管事呢？我们来澄清一下：管理最重要的功能不是管人，而是规划事，即通过对事情的预先规划，指引人去实现企业的战略目标。

管理者每天要处理的工作很多，要保证自己有充沛的精力，不因细枝末节的小问题拖延重要事务，就得学会对五花八门的事务进行规划，形成一个管理清单，让所有员工有据可依。

那么，如何来制订管理清单呢？具体可遵循以下4个步骤。

·步骤1：制订战略规划

管理者最重要的一项任务就是制订战略规划，不能只看当下，还要着眼于未来。所以，对于未来一段时间的工作，有必要建立一个备忘录，确定战略方向和任务目标。

·步骤2：筹备计划与资源

有了战略方向和任务目标以后，要如何实现呢？这就需要制订周密的计划，同时为这个项目、任务和管理准备相应的资源，如人力资源、物力资源和资金等。

·步骤3：对多项任务进行排序

根据你对工作的理解，对不同的任务根据优先顺序和重要程度进行排序，但请注意，不要独断专行，要充分吸收团队的意见。毕竟，组织的成功需要团队协作。

·步骤4：授权并引导团队合作

有了目标和计划，准备好相应的资源，接下来就要做授权管理了。把工作按照既定的顺序授权出去，引导团队分工协作，朝着目标共同努力。

☑ 四象限法则

在上述步骤中，牵涉到了任务排序和授权的问题。那么，管理者该怎样做，才能确保抓住清单式管理的侧重点呢？这里需要借助管理学家科维的一个理论：四象限法则。

在时间管理的书籍中，四象限法则是一个必谈的内容。四象限法则要求我们把工作按照重要和紧急两个不同的程度进行划分，基本上可以分为四个象限：紧急又重要、重要但不紧急、紧急但不重要、不紧急也不重要。管理者的工作任务也可以依据这四个象限来划分，并根据任务的优先级别和重要性，来进行区别处理。

·第一象限：紧急又重要的任务——立刻安排或亲自处理

这是紧急和重要程度都处于最高级的任务，如企业的财务危机、客户的投诉、被拖延的重要任务等。这需要管理者马上安排，或者亲自处理。

·第二象限：重要但不紧急的任务——制订计划，如期完成

这是非常重要的任务，但不急于马上完成，如新市场开拓、新产品开发、员工培训、企业未来五年的战略规划等。这些工作不是一日之功，需要管理者动脑思考，花费心思制订周密的计划，并保证它可以如期完成。

·第三象限：紧急但不重要——交给下属，适时监督

这是很紧急的任务，需要立刻去做，但不是很重要，如部门例会、接待合作客户的来访、收发邮件等。像这样的任务，最好交给下属去解决，没必要浪费时间和精力亲自处理，只要适时地做好监督工作即可。

·第四象限：不紧急也不重要——闲时再做，没空不做

这是紧急程度和重要性都比较低的任务，如一些程序性的工作、员工的日常沟通、个人邮件等。有空闲时间的话，就可以处理一下，没有时间就对它说"不"，减少精力消耗。

根据科维的四象限法则，对管理任务进行划分，这样一来，就可以得到一个清晰的管理清单，知道该把主要精力和时间放在哪儿，并提前做好计划，知道不用为哪些事分心，做到有的放矢。这样一来，就能够让管理工作变得简洁而高效。

第 **7** 章

丢弃清单

CHAPTER 7

——践行断舍离，享受自在有品的生活

01 力所不及的事情，应当果断放弃

必须记住我们的时间是有限的，

把所有的时间用来做最有益的事情。

很早以前读到过一则寓言故事，大致的情节是这样的：

鸭妈妈带着小鸭子在草丛里找吃的，小鸭子已经吃腻了母亲找的那些蚯蚓、小鱼，它想尝尝小鸟吃的那些五颜六色的虫子。鸭妈妈对孩子很是溺爱，只要小鸭子高兴，它愿意做任何事。接着，鸭妈妈就带着小鸭四处找虫子。

走着走着，鸭妈妈看到一棵树上的叶子快掉光了，上面有不少绿色和黑色的毛毛虫，就使劲往上跳，想飞上去给孩子抓几条虫子吃。可是，它每次跳起来都踩不到树干，好不容易有一次跳上去了，却没站稳又摔了下来。最后，鸭妈妈把自己弄得头破血流，也没能满足小鸭子不切实际的愿望。

　　鸭子没有翅膀，却非要上树去捉虫子，这就是追求不切实际的目标。类似这样的事情，不只出现在寓言故事里，生活中有一些人性格倔强，总惦记挑战自我，却没有认清自己的实际能力，未能根据局势变化做出合适的选择，致使自己在一些无法完成的任务上浪费了大量的时间，从而影响了其他的工作，还被贴上了自不量力的标签。

　　我们都经历过考试，也知道规则，即在规定的时间内，以自己的能力去解答试卷上的题目。从愿景上来说，谁都想正确解答出每一道题，将整张试卷填满，可从现实的角度来看，除非对所有的题目都很熟悉，且能够在限定时间内把答案写出来，否则真的很难实现。

　　面对现实，最恰当的做法是，尽量先完成简单的题目、会做的题目，适当跳过和放弃那些难以解答的题目。如果在一道不太理解的难题上花费大量的时间，就会影响其他一些简单题目的解答，最终的结果可能就是：不会做的题空着，会做的题没时间做；该丢的分丢了，不该丢的分也丢了。倒不如，果断地放弃那些不会做的题，这是最直接的时间管理法，能够有效地减少时间的浪费，也为其他在自身控制和能力范围之内的题目赢得更多的时间。

☑ 珍惜时间，有所取舍

　　从心理学角度来说，越是自己无法解决的问题，越是想去解决；越是得不到的东西，越费尽心思去争取。这样的心理机制，对于时间管理而言是一个弊病。

对任何人而言，时间都是有限的，一天的工作时间最多可能达到16个小时乃至更多，但如果把时间耗在那些根本做不到的事情上，整体的工作就会停止，其他工作所需的时间也会被挤压。所以，适当的取舍是很必要的。在处理事务时，有一些原则我们需要遵从，这可以有效地帮助我们减少阻碍，提高时间的利用率，加快任务的完成进度。

·原则1：杜绝好高骛远

敢于挑战是好事，但挑战的前提是目标符合实际。如果总是好高骛远，指望做出惊天动地的事情，从而引来他人的仰慕，而无视客观环境与自身实力，挑战就变成了自不量力。

·原则2：做力所能及的事情

如果能力充裕，就去做大事情；如果能力不足，就做点力所能及的事。无论事大事小，重要的是能体现自己所做事情的价值。如果是自己做不来的事情，宁肯放弃也不要逞强，否则不但会影响事情的进程，也会影响自己的信誉。

·原则3：放弃风险大收益小的事

在选择做某件事情时，我们都会考虑到风险和收益，并倾向于选择收益大、风险小的事，这样付出的时间和精力才更有价值。如果一个任务在执行的过程中，风险很大，收益很小，那就没有必要去冒险挑战，以免得不偿失。

02 你占有物品时，物品也在占有你

建立秩序不在于拥有的物品的数量，

而在于我们是否真的想要自己所拥有的物品。

不知道你在生活中有没有经历过这样的时刻：

○ 抽屉里塞满了文件，着急要用的那一份却怎么也找不到了。

○ 办公桌上放了不少喜欢的小物件，工作的时候总是忍不住看上两眼。

○ 准备参加聚会，柜子里的衣服试了个遍，却仍然觉得"没衣服可穿"。

○ 看着家里一片狼藉的样子，瞬间变得很烦躁，想看看书也没心情了。

○ ……

杂乱繁多的衣物，当初购买时带给自己的是新鲜与美好，可当它们越积越多的时候，却变成了一种负担和干扰。要解决拖延的问题，强加限制和减少选择至关重要。物品多了就

要收拾整理，衣服多了就要做选择，这都是需要花费时间和精力的。办公桌上那些新奇的小物件，也是让人分心的因素，表面上是你占有了它们，实际上它们也在占有你、消耗你。

☑ 自我损耗理论

美国心理学家鲍迈斯特提出过一个"自我损耗"理论：虽然你什么都没做，但是每一次选择、纠结、焦虑、分散精力，都是在损耗你的心理能量；每消耗一点心理能量，你的执行能力和意志力都会下降。

在物资短缺的岁月，谁持有的货物多，谁的生活就会好一些。可在物质丰盈的时代，生活已不再如从前，持有也不代表幸福，更不能等同于美好。拥有的物品，不一定都是我们真正需要的，但它一定会侵占我们的时间和空间，耗费我们的精力。

> 我曾经关注过不少的微信大号，手机里下载了五花八门的App，且热衷于购买各种装饰家居的小物件。可是，这样的习惯也把我拖向了低效的深渊。公众号上的内容，看时明明白白，划过之后就全忘了；出于新奇尝试各种App，结果却发现都没太大的用途，常用的仍是原来的那几款；家居摆件占据

了大量的空间，而我却要为了擦拭上面的尘土忙活半天。

我深切地感受到，拥有物品就等于把能量耗费在物品上。之后，我尝试通过断舍离摆脱混沌的状态，对物品进行舍弃和精简，清除无用的东西，不让过度的物质侵占我的空间和生活。事实证明，断舍离在缓解拖延、提升工作效率和生活品质方面，对我产生了积极的效用。

当书桌上只剩下一盏台灯、一台电脑时，再没有任何东西耗散我的注意力；当衣橱里只剩下几套优质而舒适的衣服时，我再不用耗费时间纠结于选择……精简物品之后，我感觉世界都变得清静了，而我真正该做的、想做的事情，也变得更加清晰了。

☑ 断舍离

提到"断舍离"，很多人会瞬间想到一个字——扔，但这并不是断舍离的真意。

断——指的是断绝不需要的东西，不让它们进入自己的生活。

断的核心，表象在于物质，实则在于心灵。当我们在内心深处能够对物品的价值进行理性判断：它仅仅是我想要的（欲望），还是我真正需要的（需要）？这是一个重要的自我提示。心灵上的"断"，就是要抵制各种各样的诱惑，只专注于最简单质朴的必需品。

舍——指的是把那些品质不好的、使用频次低的、不喜欢的、带来负能量的物品，统统舍弃，只保留或替换成"适合的、舒服的、需要的"东西。

任何放弃都会有痛苦相伴，但对于那些不再需要的、不那么珍视的物品，还是把它们分享给真正需要的、喜爱它们的人，更为合适。至于我们自己，会在舍弃的过程中更加清楚，哪些东西才是我们真正需要和热爱的。

离——指的是放下对物欲的执着，脱离"多就是好"的执念。

当我们把关注的焦点从物品转移到自己身上，把自己当成生活的主角，就会慢慢发现，我们真正需要的东西并不多，而多也并不意味着好，就会削弱想要占据物品的欲望。

☑ 设立丢弃清单

扔不是断离舍的全部，但断离舍又不可避免地涉及到丢弃。

美国作家布鲁克斯·帕玛说："垃圾或杂物，包括你保留的对你不再有用的东西。这些东西可能是损坏了的，也可能是崭新的，无论如何，它们都已经失去了价值，所以成了垃圾。这些东西一无是处，当然不能提高你的生活品质。相反，它们是优良生活的牵绊，是焕发生机的阻碍，也是你必须清除掉的绊脚石。"

设立丢弃清单，扔掉无用的杂物，不仅仅是一项清洁工作，更是打破固有的生活模式和习惯性思维，为自己所处的环境以及身心做一次彻底的清除，以凸显出更重要的、更有价值的东西，让我们把有限的时间和精力投入到这些事物上，换来高效、高质的人生。

那么，该怎样设立丢弃清单呢？或者说，哪些物品应该被列入丢弃清单呢？

·第1类：搁置不用的物品

近一两年内没有再使用过的东西，且没有预定要使用的东西，再次被使用的概率就很低了。最常见的就是化妆品、包包、衣服等，要么过了保质期，要么已经不再适合当下的自己，与其让它们占用生活空间，不如及时清退。

· 第2类：有待修理的老旧物品

那些老旧的、坏掉的家用电器、手表、玩具、厨房用品等，如果它们无法奇迹般地自行复原，或是即便花费不少的时间精力能够修理好，但也不太好用，就干脆扔掉吧！

· 第3类：丢弃让你感觉不好的物品

《丢掉50样东西，找回100分人生》的作者盖尔·布兰克说："如果有些东西让你心情沉重或感觉不好，让你觉得疲倦，或让你在生活和工作上无法更进一步，那么它就得离开。我们应该用'它让我感觉如何'为标准，仔细检查周遭每一样用品。"

远离牵绊自己前行的事物，脱离对物品的执念，才有更多时间和精力轻装上阵，重建内心的秩序，拥有款待自己的空间，更好地掌控生活。所以，前任的照片、上一段婚姻的婚纱、未录取的通知书、亲人灾难事故的简报等，统统丢弃吧！

从现在开始，别再把情感、精力、空间用在那些已经毫无价值的事物上了，关注什么才是自己真正喜欢和需要的东西，把那些不再重要、不再需要的东西彻底清理掉，腾出更多的空间给现在，用来享受此时此刻的生活，做真正有价值的事情。

03 时间很珍贵，别让无效社交拖累你

如果我们以失去自我的方式融入群体，

我们就会像一锅粥一样，

每个人都失去个性、独特性和完整性。

忙碌了一天，总算到了下班的时间。孙恺收拾好东西，正准备离开办公室。

这时，旁边的同事方媛叫住了他："能不能等等我，一起走？"

虽然心里很想早点回家，可方媛开了口，孙恺也不好意思拒绝，就答应了。

谁知道，工作上一向喜欢拖拉的方媛，竟然在下班回家这件事上也不紧不慢。她磨磨蹭蹭地关电脑，又去洗了水杯，去了一趟卫生间……这一通下来，就用了15分钟。

好不容易等方媛收拾完了，另一位同事又发出请求："等会儿我，等会儿我！"又是一番等待，三个人总算走出了办公楼。此时，已经过去了27分钟。

走在通往地铁站的路上，两位同事叽叽喳喳地讨

论娱乐八卦、哪家店铺的衣服有活动、上周看了什么电影……孙恺心里只想着家里新来的那只小狗：阿柴一定想我了，等着我带它出去溜达，也不知道狗粮吃完没有。想着想着，孙恺加快了脚步。

同事喊道："哎，小孙，你走那么快干什么呀？等等我们……"孙恺只好尴尬地笑笑，站在前面等她们。慢悠悠地到了地铁站，两位同事嫌列车太挤，说想再等一辆。孙恺依旧选择了奉陪，只是他在心里暗想："等就等吧，反正下次绝对不会再与你们同行了！"

孙恺到家后，看了一眼时间，比平时晚了1小时。他心里挺后悔的，这1小时的时间，可以做晚饭，可以遛阿柴，可以看20页的书，也可以看一集纪录片，还可以给家里打个电话……无论哪一件事，都比浪费在无效社交上有意义。

☑ 无效社交

无效社交，是指那些无法给我们的精神、感情、工作、生活带来任何愉悦感和进步的社交活动。在无效社交上投入的成本越多，浪费的时间、消耗的精力就越大，不仅无法从中获得内在的滋养，还可能引发情绪上的厌烦或是行为上的拖延和颓废。

那么，如何辨别无效社交呢？我们可以借助下面的4个问题来进行判断。

·问题1：是否会给自己带来负能量？

与负能量爆棚的人交往，会在无形中吞噬我们的精力和正能量，他们的存在就像是遮挡阳光的乌云。如果总是抱着一颗"圣母心"，试图靠自己的力量去"拉"对方，最终的结果很可能是被他们消耗和透支。

·问题2：是否有助于自己的工作和生活？

生活中有些交往纯粹属于凑热闹，为了社交而社交，比如一些所谓的同乡会、论坛聚会，一群陌生的人在一起聚个餐，其实彼此都不了解，也不太可能对未来的工作和生活产生什么帮助。这样的社交就是无效社交，投入再多也没什么回报，只是打发时间而已。

·问题3：是否带有"情分绑架"的色彩？

你有没有被迫参加过一些不具实际意义的活动？比如，多年不见的同学，早已没什么感情，却邀请你参加同学会。再如关系不是很亲密的人，打着朋友的名义隔三差五邀你一起吃喝。这样的社交，就是被绑架在了"情分"上，无端地浪费时间，毫无意义。

·问题4：是否属于流于形式的点赞之交？

微信里的一些"朋友"，看似相识，实则不熟，如果没有利益关系，就只是一个空洞的符号。每天关注对方的动态，考虑要不要点赞，该怎样评论，无疑是在浪费时间。与其为了这些流于形式的无效社交费心力，不如去跟真正的朋友聊聊天。

生活不易，时间可贵，希望我们能把时间和情谊留给真正的朋友，用心去经营值得的情谊，不为无效社交浪费心力，让高质量的关系滋养生命，促进自我成长。

04 拥有一份务实且健康的社交清单

只有用心维护，

获得的关系才能更加持久，

也能带来更多实质意义上的帮助。

如果我说，社交也是可以利用清单工具来管理的，你会不会觉得小题大做？

其实不然，不信的话，你可以打开微信通讯录看看，那上面或许有上百个好友，但你能说出哪些是真正的好友吗？即便有了分组的功能，那些被排除在家人、朋友、同事之外的名字，你知道他们是谁吗？又因何会存在于你的通讯录中？那些曾经和你交过心的朋友，又有多久因没有联络而渐渐生疏，连打招呼都显得有些刻意了？

在这个互惠互利的时代，认识多少人不是成功的专有名词，更重要的是和多少人保持良好的互动，且在这些人中有多少是值得深交的高质量朋友。有的人自诩微信好友三五千，遇到问题时，却找不到一个可以帮忙的人，这样的社交都属于无效社交。

华盛顿公共关系专家罗尔巴赫说过："那些成功的政客和企业家们，也许在工作上一无是处，总是依赖自己的助理和智囊团作出判断，但他们无一例外都是交际好手，是出色的社交专家；他们明白自己脚踏何处，知道如何务实地寻找并整理资源，建设高质量的交际群体。"

☑ 社交清单

社交清单的存在，一是为了帮我们筛掉无效社交的群体，二是对现有的社交群体进行整理和分类，根据不同的情况进行适当的管理，提高人际关系的质量。

那么，一份务实的、健康的社交清单，应该包括哪些内容呢？

·朋友清单

整理一下生活和工作中的朋友名录，为他们设立一个档案，组成专属的朋友信息库。这个信息库里，要记录朋友的专长、联系方式、地址变更、工作变化等，时刻注意信息的更新，防止打不通电话、收不到礼品等事情的发生。朋友之间的关系，有赖于联系的频率。不要嫌麻烦，一定要跟朋友定期沟通，哪怕只是一条消息，也要及时联络。

·同学清单

同学是比较容易保持较长时间的人际关系，且历久弥新。毕竟，同窗之情在昔日是很纯粹的，只是毕业后大家各奔东西，从事不同的行业，相互之间的联系也不可避免地减弱。所以，不妨从毕业开始就将同学的资料整理成清单，每年定期沟通并交换最新的沟通方式，确保任何时刻都可以联系到他们。这笔人生中的黄金资源如何发挥价值，取决于我们如何思考和对待他们。

·重要相识者清单

有些人不属于固定的朋友，是在其他交际场合认识的，彼此之间不太熟络，但都保存了联系方式。这些人有潜在的长远价值，不能轻易忽略，可以为其专门列一个清单，记录每个人的行业、工作特点、职位，按照行业或姓氏进行分类保存，以备不时之需。

·"有毒的朋友"清单

交友不能盲目和泛滥，有些人是需要我们主动远离的。美国心理协会流行一个词语，叫"有毒的朋友"。他们发现，越来越多的人意识到，有些不开心可能是朋友带来的。所以，我们要给那些正在或将会毁掉自己优质生活的朋友，列一张清单，里面可能包括：负能量爆棚的人、自私自利的人、不讲信用的人、敏感脆弱玻璃心的人、爱唠叨抱怨的人等。长期跟这种负能量的人相处，是一种巨大的消耗。

☑ 分级管理

在真正的社交中，我们需要对社交清单进行分级管理，因为大脑的思考能力有限，我们的时间精力也有限，不可能同时对50个人保持同一种关注度。所以，我们要对上面这些清单中的人进行分级管理。

·一级：亲密且长期的朋友

相识多年的同学、发小，或是共事许久的合伙人、经常一起喝茶的朋友，这些都是离我们比较近的人，无须费心特意地经营，只要点对点地日常联络即可。因为他们早已融入了我们的生活，就像我们的亲人，随时随地都可能在互动。

·二级：亲人和朋友

这一层级的关系主要由血亲关系和兴趣关系构成。对于亲戚，适时打电话问候或登门拜访；对于志趣相投的朋友，定期相约参加特定的活动，需要定期关注。如果有几次活动不再参加，彼此的关系就可能会渐渐疏远。

·三级：工作上的伙伴

工作关系是很重要的，上司、同事、客户都在其中，人员众多，关系复杂，打理起来并不容易。对这层级的关系，首先要做的是简化，在庞大的人员系统中，先找到志趣相投、相互支持的重点关系人，形成长期、固定和有温度的联络，这有助于工作的顺利进展。

在拥有了相对稳定的关系后，可以借助这个群体的资源，渗透外围的群体，提高清单的档次。你会发现，在不同的群体之间，存在严重的信息不对等，而这正是我们需要努力的方向，即从不对等的信息中获取资源，体现价值。

· 四级：经人介绍的朋友

经常会有人介绍一些新朋友给你，可能是偶然的相遇，也可能是出于工作需要等，但这种关系是"隔层"的，需要重点了解的是中间关系人，他对对方的熟悉程度、信任度，是否合得来等。这类朋友通常是不稳定的，如果没有特定的需求，也就只是抱着聊聊看的心态。但是，他们同样不能被忽视，特别是在工作关系上，也有机缘巧合会促成某些合作。

社交的本质是人与人之间心灵的沟通，坦诚和相互学习的态度永不过时，对身边的人际关系进行分类甄别，也是为了保持清单的健康，远离无效的、对身心无益的社交。

05 告别勉为其难，写下你该拒绝的事

> 你要用心思考一句话，
>
> 否定即另一种形式的肯定。

身处任何时代，善解人意都是值得尊重的品行。然而，善良不代表"来者不拒"，也不意味着没有底线和原则。生活中有一类拖延者就是因为太过善解人意，才被迫陷入了拖延的境地。他们有求必应，甚至会把自己的私人时间挪用出来为别人办事，只求得到一句"你人真好"的评价。他们的字典里没有"拒绝"二字，仿佛拒绝别人就是抹杀自己的价值。

我们必须认清一个事实：人的精力是有限的，不做权衡和取舍是不理智的。在力所能及的范围内，不用消耗太多时间精力，帮别人一个忙，无可厚非。如果有些请求本身已经让你感到为难，而你已有一堆事务缠身时，再去接受这些请求，就没必要了。

况且，人是难以欺骗自己的。有些事情就算当时没好意思拒绝，违心地选择了接受，可内心的不情愿不会放过自己，它会不时地搅乱我们的安宁。内心的负面情绪不断积压、蔓延，就会成为一种"传染源"，让身边的每个人都察觉

到异样。当我们把消极的语气、情绪和表情传递给他人时，也间接地让他人接收了我们的讯号，将其反馈到自己身上。

☑ 拒绝清单＝划清底线和原则

与其兜兜转转地在痛苦里煎熬，倒不如直截了当一点，从一开始就不让自己陷入纠结中。这就需要我们划清自己的底线和原则：对生活中一些不愿意接受、勉为其难的请求，列一个拒绝清单，时刻提醒自己，此类问题不必纠结和犹豫，无须为了面子而应允。

> 我身边有一位女创业者，她平时待人很好，处理问题也很公正。她的下属中有外聘的员工，也有家里的亲戚，但在遇到事情的时候，她不偏不倚。为此，有人就说她冷漠，六亲不认。有时，她也觉得委屈，可想到公司要发展，就必须得有规矩。
>
> 她的公司从成立到现在，已经有十年了，发展势头一直很好。这不仅仅是运气的问题，也因为她秉持原则的作风，才能留住外聘的人才。跟着这样的老板不会觉得"冤"，做得好就能被重用，做得不对无论是谁都得挨批，没有所谓的远近亲疏，有的就是一个共同的目标。

其实，这就是一个"拒绝清单"的实例：原则面前不谈人情。谈及生活的时候，懂得换位思考是修养；谈及工作的时候，原则就是堤坝，不能让人情的河越界。

以我自己为例，我的"拒绝清单"中有以下两项内容。

○ 拒绝事项1：投资借钱，委婉拒绝

很多人在钱和感情的问题上找不到平衡点，不是谈钱伤感情，就是谈感情伤钱。我给自己设立了一条原则，如果对方是为了投资借钱，一概不借。因为我不太了解对方投资的项目，把钱借出去要承担很大的风险，很可能有借无还，这样的代价是我不愿意承受的。

○ 拒绝事项2：不做"情绪垃圾桶"

当身边的某个人总是向我传递一些消极的情绪和思想时，我会提高警惕。这样的谈话会在不知不觉间产生催眠效应，跟这样的人聊天后，很容易让我陷入失落中。特别是当我本身的情绪不是特别稳定时，更容易被击垮，导致自己闷闷不乐，工作和生活都受影响。所以，那些浪费时间而无实际用途的谈话，那些消耗我精力的反复唠叨，我都会拒绝。

概括来说，拒绝清单就是我们为自己设立的一条心理界限，让我们清楚地知道：哪些领域是自己的，是别人不能侵犯的；一旦越界了，我们就不再是真正的自己，以及渴望成为的自己。有了这个界限，在面对他人的请求时，我们就知道自己该不该拒绝了。

06 打造快乐清单，为情感精力赋能

清单不只是为了工作和学习而存在，

它也可以帮助我们补充情感精力。

> 来访者筱筱平日里性格温和，待人有礼，是领导眼里的好员工，和同事的关系也很融洽。为了维护自己在别人心目中的这份美好，她总是刻意藏起自己的情绪。渐渐地，她变成了一个不太容易被人窥见内心的"假笑女孩"，患上了"微笑型抑郁"。
>
> 当负面情绪在筱筱的内心一点点扩大领地时，她依旧保持着正常上下班的节奏，也能做到强颜欢笑，但工作效率低下的事实却是无法掩盖的。毕竟，人是血肉之躯，被负面情绪吞噬了大部分的心理能量后，她很难再拿出额外的精力，像过去一样游刃有余地应对工作。

这是发生在咨询室里的故事，而在咨询室外也有许多被情绪困扰的人，只是尚未严重到神经症的程度。面对情绪的耗

损，我们迫切需要的是及时为自己补充情感精力、恢复工作状态，避免因效率问题导致拖延，又因拖延而加重情绪困扰，陷入恶性循环。

这里有一个关键性的问题，我们该怎样来为自己补充情感精力呢？

程昱读高三那年，经常把自己关在房间里刷题。那段时间，他的状态不太好，心理压力巨大，也厌倦了"两点一线"的日子。家人见程昱总憋在房间里很担忧，经常劝他别太累，看电视放松放松。偶尔，程昱会听从家人的建议看一会儿电视，但这并没有改善他的情绪状态，还让他在看完电视后产生了强烈的负罪感，觉得时间都被浪费了。

偶然的一次机会，程昱发现：在体育课上跑了2千米后很是畅快。之后，他就每天都抽出30分钟出门跑步，配速随心情和状态而定。当时正值春天，跑了半个月后，程昱感受到了一种由内散发出的生命力。临近高考的那几个月，跑步的30分钟成了程昱最喜欢的时间，既自由又畅快，也减轻了学业压力带来的心理负担。

为什么看电视没办法缓解情绪压力，跑步却能让人变得轻松愉悦呢？

心理学契克森米哈赖等人研究发现：长时间地看电视会导致焦虑增长和轻度抑郁！看电视对思维和情感的影响，与垃圾食品对身体的影响，没什么两样。相比之下，调动其他正向的情绪恢复资源，则可以帮助我们有效地补充精力。

清单，不只是为了工作和学习而存在，它也可以服务于休闲娱乐，让我们劳逸结合，拥有高质量的生活。面对精力上的重度耗损，我们可以借助"快乐清单"获取正向情绪。

☑ 写下你的"满足时刻"

快乐清单上要写的内容很简单，就是列出"满足时刻"，即让自己体验到愉悦和深刻满足感觉的时刻，或者是让自己感到快乐和舒适的事物。

○ 晨起跟随音乐跑步5公里
○ 看一部治愈系电影
○ 每周去拳馆打拳1次
○ 制作精美的早餐
○ ……

每个人的喜好不同，但总能找到让自己舒适和满足的事物，看电影、阅读、做SPA、画画、听音乐会……无论哪一

种，只要能给自己带来满足感，都可以加入到快乐清单中。如
果之前你没有尝试过这种方法，就从现在开始，思考一下你的
"满足时刻"吧，多一点也无妨。

07 挑战清单，体验人生的多种可能

许多不可能只存在于人的想象中，

许多难以越过的藩篱只是被夸大了的假象。

南非女孩菲奥娜，从16岁开始徒步旅行，用了2年的时间途径14个国家，步行16181公里，纵跨非洲大陆，闯入吉尼斯世界奇迹榜。回想起整个旅途，她认为最艰难的时刻，莫过于在扎伊尔境内的日子。

1991年9月，那里政局混乱，菲奥娜被外籍军团空运出境。当她再次回来时，她和自己的野外生存训练教练米尔斯一起日行了50公里。但在之后的几个月里，她简直像被梦魇缠住了一般，无论走到哪儿都会遭到当地人的攻击，被扔石头、殴打、言语侮辱，他们把她当成了人贩子、野人。

面对这样的境遇，怎么办呢？菲奥娜说："当大大小小的石头落在身上，唯一的办法就是保持原来的速度继续往前走！一切都是注定的，不要抱怨，不要消沉。"不幸的是，她和米尔斯又患了痢疾，在热带雨林里被困了整整7个月，从早到晚头发都没干过，衣服也发霉了，身上到处都是难以愈合的疮。

即便如此，菲奥娜依然没有想过放弃，在这种艰难跋涉中，她的思想却有了巨大的转变："当你不知道何去何从的时候，你会感到世界是如此空旷，广阔而令人迷茫。这是一次折磨人的探险，通常你只要吃几个月的苦就够了，可这一次却整整持续了两年，所以我必须要好好地安排生活。"

菲奥娜的父亲是皇家海军军官，为了配合父亲的工作需要，她搬了22次家，转了15次学，为此她一直对父亲心怀怨恨。可当她走完了从悉尼到珀斯的5000公里路程时，她也走出了对父亲的怨恨。她看起来比实际年龄更成熟、更自信，她的周游初衷已跟当初早有不同：

"我现在就像变了一个人，虽然说不出到底哪儿变了，但我肯定跟过去不同了，比如更加在意从前并未意识到的重要东西——家庭。"

讲述菲奥娜的经历，并不是为了鼓励大家去冒这样的险，而是想阐述一个事实：

当我们没有做过一件事情的时候，永远不知道自己到底能不能把它做好，更不知道自己到底能扛住多大的压力、跨越多艰难的困境。任何一件事总要先做起来，才能判定自己行不行，也只有在尽力做事的过程中，才会发现自己潜在的意志与能力。

☑ 挑战清单，让人生多一点可能

如果你也希望，自己的人生不只停留于此，还可以有更多、更精彩的体验，不妨为自己制订一份挑战清单——把你没有做过的、不敢做的事情写下来，写完之后，想办法去创造做这些事情的条件，让自己有最大可能性完成它们。在此过程中，如果遇到了一些无从下手的事情，也可以借助外力来帮助自己，这也是促进与他人关系的一种方式。

很多事情并没有想象中那么困难，只是被隐藏在"难做"的外壳里而已，打破这个外壳，你就会获得蜕变。在每一次取得进步后，别忘了给自己一份奖励，让自己更有力量走下去！